个性化需求驱动
的产品服务方案设计
理论与方法

宋文燕 王丽亚 明新国 著

上海交通大学出版社
SHANGHAI JIAO TONG UNIVERSITY PRESS

内容提要

　　本书针对制造企业服务转型中产品服务设计的难点与痛点，提出了系统的产品服务方案设计框架和流程，并在使用服务质量功能展开、服务 TRIZ、服务蓝图等方法的基础上，结合智能文本挖掘、用户画像、复杂网络分析、神经网络等智能技术，实现了更加准确和高效的产品服务需求识别、产品服务需求优先级分析、产品服务需求映射与设计冲突解决、服务模块划分、产品服务方案的模块化配置优化和个性化产品服务方案的主动推送。同时，本书提供了丰富的案例，对所提出的设计框架和智能化方法进行了阐释。

　　本书主要面向高校和管理研究机构科研人员、生产企业经营管理人员和政府相关管理人员，既可以作为本科院校管理专业师生的参考书和企业、政府管理人员的培训教材，也可以作为从事工业设计和工程管理相关工作人员的入门参考书。

图书在版编目(CIP)数据

　　个性化需求驱动的产品服务方案设计理论与方法/
宋文燕，王丽亚，明新国著. —上海：上海交通大学出
版社，2022.6
　　ISBN 978－7－313－26560－9

　　Ⅰ.①个… Ⅱ.①宋…②王…③明… Ⅲ.①产品设
计 Ⅳ.①TB472

　　中国版本图书馆 CIP 数据核字(2022)第 036636 号

个性化需求驱动的产品服务方案设计理论与方法
GEXINGHUA XUQIU QUDONG DE CHANPIN FUWU FANGAN SHEJI LILUN YU FANGFA

著　　者：宋文燕　王丽亚　明新国			
出版发行：上海交通大学出版社	地　　址：上海市番禺路 951 号		
邮政编码：200030	电　　话：021－64071208		
印　　制：当纳利(上海)信息技术有限公司	经　　销：全国新华书店		
开　　本：710mm×1000mm　1/16	印　　张：14.5		
字　　数：248 千字			
版　　次：2022 年 6 月第 1 版	印　　次：2022 年 6 月第 1 次印刷		
书　　号：ISBN 978－7－313－26560－9			
定　　价：68.00 元			

前　言

《中华人民共和国国民经济和社会发展第十四个五年规划和 2035 年远景目标纲要》明确指出，要"深入实施智能制造和绿色制造工程，发展服务型制造新模式，推动制造业高端化智能化绿色化"。随着竞争的加剧和客户需求的多样化，低附加值的制造业已经不能满足市场和环境发展的要求。为了获得可持续的发展和盈利，许多制造企业开始从产品制造向产品服务转型，通过提供高价值的产品服务解决方案来满足客户多样化、个性化的需求，同时达到合理利用资源、减轻环境污染和增加社会福利等目的。

目前，有关产品服务的研究仍大多集中在服务战略、商业模式等层面的理论研究，缺乏有效的、系统的产品服务方案的设计技术和智能化方法，不利于制造业服务转型战略的成功实施。因此，本书在分析国内外研究现状和先进企业实践的基础上，围绕产品服务方案设计的关键问题，进行了方法的创新和研究，并结合丰富的实践案例详细说明了所提出的方法如何实施。

第 2 章提出了基于在线评论的产品服务共性需求和个性需求识别方法。该方法基于客户-产品服务画像，利用先验知识改进了概率主题模型，从评论文档语料库中精准挖掘和筛选出与产品服务有关的关键词和评论文档；之后基于评论影响力特征，提出利用改进的聚类算法对产品服务关键词的词共现关系网络进行社区划分，以挖掘不同客户间的共性关注点和个性关注点；最后根据社区划分结果导出产品服务共性需求和个性需求。第 2 章还提出了基于工业客户活动周期的工业产品服务需求识别方法。该方法在对工业客户产品服务需求的特点进行全面剖析的基础上，构建了工业客户活动周期分析模型；利用该模型能有效识别客户使用工业产品前、中、后各阶段的客户活动和价值，分阶段导出层次化的客户的工业产品服务需求。

第3章提出了一种集成粗糙云与 DEMATEL 的产品服务需求排序与分类方法。该方法通过将云模型理论、粗糙集理论与 DEMATEL 技术相结合，能处理评价过程中不确定因素导致的评价结果模糊性以及不同评价者之间的差异性，因此能有效地识别需求间的相互影响，准确合理地对需求的重要性进行排序和分类，为企业在设计和配置产品服务时提供依据。第3章还提出了基于粗糙群层次分析法的需求重要度分析方法。该方法通过将粗糙数的概念引入群AHP，以此来处理需求评价过程中的不确定信息，得到具备优先级的产品服务需求清单，为产品服务设计师明确设计重点和方向。

第4章利用服务功能特性场景图获取服务技术特性之后，提出了基于粗糙灰色关联分析的服务质量屋模型，实现了客户需求到服务技术特性的关系映射，以便降低映射过程中不确定性因素的影响。第4章还提出了基于多粒度混合语言决策的冲突识别方法、标准服务属性、面向产品服务的冲突解决矩阵和服务发明原理，以便解决潜在的服务设计冲突，减少冲突解决方案制订的随机性。

第5章提出了基于产品服务蓝图的服务构件识别方法，该方法在服务构件识别的基础上，将服务构件及其相关度用复杂网络进行可视化的表达。然后，利用基于复杂网络的模块构建方法，得到产品服务的模块化方案。第5章还提出了基于主、客观权重集成的模糊逼近理想解法对不同的服务模块化方案进行评选，得到合理的服务模块化方案，以便增强产品服务方案的设计效率。

第6章提出了基于 NSGA-II 和粗糙 TOPSIS 的产品服务方案配置优化与方案评选技术。该方法通过构建产品服务配置的多目标优化模型，利用基于改进的非支配排序遗传算法对模型进行求解，以获得产品服务方案的配置优化集；之后基于粗糙逼近理想解法的服务方案决策模型，得到最能满足客户需求的产品服务配置方案，以便增强产品服务提供商快速、低成本地满足客户的个性化需求的能力。

第7章提出了基于用户画像的购买偏好预测与基于协同过滤的用户评分预测集成的产品服务方案推荐方法。该方法首先基于用户行为建立用户画像，并设计神经网络预测用户的购买偏好；之后基于协同过滤方法，建立评分矩阵并搜索近邻用户，最终预测用户评分；最后将两种方法的产品服务方案推荐结果结合，实现产品服务方案的个性化推荐。

感谢国家重点研发计划项目（No. 2018YFB1402500）和国家自然科学基金项目（No. 71971012）的资助。感谢上海交通大学机械与动力工程学院的黄琳和北京航空航天大学经济与管理学院的刘羚迪、牛子璇、汤宇琦等同学，他们参与了本书部分章节的编写工作。

由于作者水平和时间所限，书中错漏之处在所难免，希望广大读者批评指正。

目　　录

第1章
产品服务概述

1.1 引　　言

制造业服务转型已经成为制造企业发展的一种重要趋势。国内外学者在制造服务转型方面开展了持续而深入的研究,取得了一系列研究成果。工业界的一些企业也在制造服务转型领域不断进行卓有成效的尝试。但是,无论在研究和实践中,仍然存在一些重要问题亟待解决,例如产品服务需求的智能化识别与分析、产品服务方案的模块化生成与主动式推送等。围绕这些问题,本章建立了制造服务转型背景下的产品服务方案生成框架和技术路线。首先分析了制造企业服务转型的背景和制造企业服务转型的必要性;接着回顾了国内外制造服务转型相关研究,着重介绍了与产品服务相关的一些重要概念的发展情况。在此基础上,结合智能电梯等实际案例,分析了制造企业产品服务转型所面临的问题。最后,针对转型过程中亟待解决的问题,提出了支持制造业服务转型的产品服务设计框架和技术路线,并分析了其可行性与先进性。

1.2　制造业服务转型与服务型制造

1.2.1　制造业服务转型

随着科学技术的不断发展和经济全球化的日益加深,物质产品得到了极大的丰富与完善,客户需求也变得日趋多样和复杂,从传统的对产品功能的需求转移到追求体验和服务的个性化定制等更高层次的需求上来[1]。由此,传统低附加值的制造模式已经不能再满足制造企业、市场、产品和环境发展的要求,具体来讲:① 从企业来看,国内大部分制造企业所提供产品的技术含量和附加值都较低,与国外同类产品相比,缺少自主品牌,竞争力薄弱,因此在产业价值链分工中,只能从事一些低端的代工和装配;② 从市场来看,大多产品在技术和功能上差别不大,产品同质化竞争严重,无法满足客户多元化和个性化的需求,此外,客户对产品本身的关注,也逐渐转向为对产品使用效果和使用体验的关注;③ 从产品来看,技术的发展使得产品的结构和知识复杂度上升,在使用和维护产品时往往需要更为专业的知识和技能,因此客户需要这方面的能力和资源支持;④ 从环境保护来看,社会环保意识的不断提升也促使制造企业在满足客户需求的时候,采用更多有效手段,实现节能减排的可持续生产过程[2]。

因此,制造企业为了获得可持续的收益空间,便不再局限于一次性的实物产品交易,而将业务拓展为在向客户提供产品的同时提供与产品配套的服务,甚至是将产品作为载体或附属品,而把为客户提供一系列定制化的增值服务作为主要目的,例如产品使用培训、维修保养、升级改造、能源管理、回收报废再利用等。服务化意味着向价值链的高端发展,即微笑曲线的两端,如图 1-1 所示。

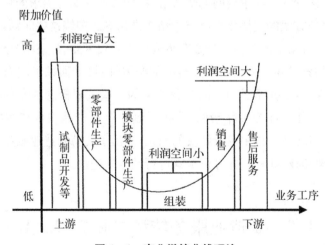

图 1-1　产业微笑曲线理论

实践结果也表明这种"产品+服务"的全新商业模式能有效提高客户对产品的满意度和忠诚度,增强产品的市场竞争力,进而帮助企业实现业务扩张,为企业带来可持续的利润增长[3]。

于是近年来,制造企业纷纷开始进行服务转型,中国的产业结构也发生了明显的变化。根据《国民经济行业分类》,我国的产业可划分为三大类:第一产业是指农业等提供生产资料的产业;第二产业主要指加工制造产业,利用自然界和第一产业提供的基本材料进行加工处理,包括工业、建筑业等;第三产业指不生产物质产品的行业,即服务业。根据国家统计局发布的《中华人民共和国 2020 年国民经济和社会发展统计公报》的相关数据(见图 1-2),在 2013 年,第三产业(服务业)对国内生产总值(gross domestic product,GDP)增长的贡献首次超过了第二产业,之后仍保持持续增长,第三产业逐渐成为宏观经济稳定的关键要素。虽然目前我国的第三产业增加值占 GDP 的比重仍与世界平均水平(68.9%)存在一定差距,但不可否认的是我国的第三产业已进入快速增长周期,产业结构向服务业转型和升级已是大势所趋、潮流所向。

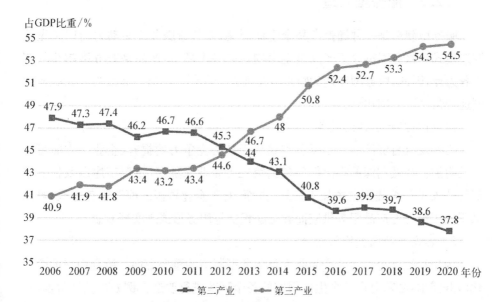

图 1-2　2006—2020 年中国第二、三产业增加值占 GDP 比重

为顺应经济全球化以及制造业和服务业融合发展的国际大趋势,我国政府也出台了一系列的战略规划和政策文件,大力支持制造业服务转型的发展,以推动我国建设现代化经济体系,使我国迈进世界制造强国之列。2015 年 5 月,国务院印发的《中国制造 2025》明确了我国制造强国建设高端化、智能化、绿色化、服务化的总体导向,并指出服务型制造的发展是我国产业结构升级的关键。2016 年 7 月,工业和信息化部、国家发展改革委、中国工程院共同牵头制定的

《发展服务型制造专项行动指南》指出,我国是全球第一制造大国,但制造业在国际产业分工体系中总体处在中低端,面临着资源环境约束强化和生产要素成本上升等问题;发展服务型制造,不断增加服务要素在投入和产出中的比重,从以加工组装为主向"制造＋服务"转型,从单纯出售产品向出售"产品＋服务"转变,是增强产业竞争力、推动制造业由大变强的必然要求,也是顺应新一轮科技革命和产业变革的主动选择。2021年3月,国家发展改革委等十三部门联合发布的《关于加快推动制造服务业高质量发展的意见》指出,两业融合是我国产业转型升级的重要方向,事关经济高质量发展的战略大局,需要推动服务型制造向专业化和价值链高端延伸,推动各类市场主体参与服务供给,并加快发展定制化服务。

1.2.2　服务型制造

服务型制造是一种涵盖产品全生命周期,以制造服务为驱动力的广义先进制造模式。服务型贯穿于产品全生命周期的各个环节,产品是服务型制造的核心着力点,因此,服务型制造的特点可从面向产品制造的服务和面向产品服务的制造视角来进行阐述[3]。

1) 面向产品制造的服务

为实现自身资源的有效配置和聚焦于核心竞争力的提升,企业一方面可以将低附加值和低利润的零部件外包给第三方企业来加工,重要工序以及核心零部件的加工和组装则自主加工;另一方面,对于企业资源的配置服务方式,可以采用使用第三方产品服务供应商和金融租赁等服务形式来实现双赢。

2) 面向产品服务的制造

为用户提供个性化的产品服务是服务型制造的重要方面。结合用户的个性化服务需求,必须对产品全生命周期的各个环节进行改造。例如在设计阶段,进行功能需求模块和外观结构的差异性设计;在加工阶段,对零部件关键工艺参数进行调整和优化。应特别指出的是,产品服务系统是面向产品服务进行制造的核心驱动力。

产品服务系统是服务型制造的具体体现形式,是指以设计、制造和销售物质产品为基础的制造企业,为满足其客户在产品使用周期内的各项活动需求,提供的基于物质产品的服务组合,是一种企业在销售产品的同时提供销售服务的商业模式。产品服务系统的发展,使以产品为中心的市场竞争逐步转变为围绕产品提供全生命周期的服务解决方案的竞争。通过基于产品提供服务,可以创新服务模式,催生新的业态,促进现代服务业发展,开辟新价值空间的"蓝海",如图1-3所示。

制造业发展影响因素

- 产品技术含量和附加值较低
- 同质化竞争严重
- 多元化和个性化的需求
- 盈利模式单一
- 产品的结构、知识复杂度上升
- 环保节能的压力

以产品为中心

- 以出售产品为主要业务
- 提供简单、无差别的售后服务
- 靠出售产品的一次性盈利模式
- 基于产品价格、性能的竞争
- 客户需求考虑不全面
- 无法及时获取客户的反馈信息

服务转型

以产品服务系统为中心

- 基于产品的服务解决方案
- 个性化、差异化的产品服务
- 长期可持续的服务盈利模式
- 基于服务创新和质量的竞争
- 全方位地获取客户服务需求
- 客户参与服务过程,及时反馈

图1-3　产品向产品服务系统的转型

实际上,越来越多的制造企业通过服务转型,向客户提供配套的产品服务系统,找到了可持续的利润增长点,丰富了企业的业务布局。表1-1列出了一些成功转型的企业典型案例。

表1-1　制造企业提供产品服务系统的典型案例

制造企业	服务内容
IBM	提供以客户为中心的 IT 解决方案、咨询、实施等服务
美国开利公司	通过控制空气湿度、过敏原和有害污染物,提供品质优良的室内空气解决方案
惠普公司	提供集咨询、系统集成、文印管理和支持服务于一体的综合服务

（续表）

制 造 企 业	服 务 内 容
美国英特飞公司	个性化地毯铺设安装、回收服务
意大利梦尼特公司	基于冷藏箱的冷链物流服务
陕鼓集团	整体解决方案服务，如能量转换系统服务、金融服务等
卡特彼勒	工程机械的远程诊断、远程培训服务
施乐公司	复印机维修、调试、保养及维修知识共享等服务
华为公司	通信设备的运营效率的网络优化服务
海尔集团	提供室内温度控制的服务，保障客户温度调节控制和节能的需要
杭州汽轮机集团	节能改造与运行管理服务
三菱电梯	电梯的远程诊断、运行管理服务

一般来说，制造企业向产品服务企业转型，主要有以下优势：

（1）拓展企业增值空间，实现从价值链低端的制造、组装等环节向高端的营销、服务等转移。产品服务系统不但可以保障产品正常性能的发挥，而且可以增强或替代产品的某种功能，提高产品的使用效率，减少资源的浪费。

（2）提升客户价值和客户体验。例如对于复杂的工业产品，客户往往缺乏专业的设备管理和服务知识，包括维修保养、能源管理、回收再利用等方面的专业知识和能力。通过服务充分发挥产品效能，产品服务系统不仅可以为客户获取更多的效益，还可以实现客户的个性化需求，提高服务体验。

（3）提高资源利用率和实现环保节能。制造企业对产品生命周期的中、后阶段越来越关注，它们不断采取各种新措施、新工艺，降低产品的闲置率，减少社会整体资源消耗。此外，制造企业也趋向于通过非物质化的手段代替物质产品来实现同样的功能，减少产品在全生命周期内对环境的影响，实现可持续发展。

（4）实现产品创新设计和产品差异化。一方面，产品服务系统的客户参与性强，可搜集客户自身在产品使用和维护过程中的经验、教训和建议；另一方面，客户自身作为潜在的创新主体也会促进产品服务系统的创新。制造企业通过提供个性化的产品服务系统，可以有效地将自己与竞争对手区分开，因为无形的服务往往是竞争对手难以模仿的。

与传统产品不同，产品服务系统具备更为复杂的特征，如表1-2所示。

表1－2 传统产品与产品服务系统对比

比较点	传 统 产 品	产品服务系统
目　标	产品功能	产品使用周期内基于产品的服务功能
设计起点	客户对产品功能、性能的需求	客户使用产品前、中、后各阶段的服务需求
相关利益方	较少,如制造商、客户等	较多,如制造商、服务商、备件供应商、客户、设备管理部门等
客户参与	较少	较多,很多服务流程由客户和服务商共同完成
技术特性	较具体,易量化,如"排气压力：0.8 MPa"	不易量化,较模糊,如特性有"故障诊断准确性高"
设计对象	产品结构	产品结构、服务流程、服务资源等
基本构件	有形的零组件,且关联关系较清晰,易识别	无形的服务构件,且服务构件间的交互关系复杂,不易识别

1.3　产品服务研究的国内外进展

1.3.1　国内现状与进展

服务业与制造业的融合改变了传统制造业的业务模式和产业形态。近年来,国内学者对产品服务化、制造业服务转型等领域进行了一些研究。

汪应洛院士指出制造业服务转型对我国产业结构的优化调整具有极其重要的战略意义,同时强调企业要利用智能化工具实现产品和服务在技术和管理上的创新[4]。江平宇教授等认为"服务型制造"是一项实现可持续发展的创新战略,由企业通过系统地整合产品服务以满足客户的需求[5]。顾新建教授等认为产品制造企业应该负责产品全生命周期的服务[6]。薛跃和许长新认为供应商已经逐渐从售卖有形的物质产品向售卖基于产品的管理服务转变,形成了集成产品服务的综合系统。制造商需要实现由产品导向的运营模式向更高附加值的服务运营模式转变[7]。

张为民教授等提出一种支持复杂产品优化运行的协同服务模式,通过集成的产品服务使得产品的使用过程获得优化,强调了服务协作以响应客户的各种服务需求[8]。朱琦琦等提出了一种面向数控加工设备的服务系统,以保障设备加工任务的顺利完成,其由三部分构成,即配置、调度和服务支撑[9]。杨琴分析了汽车4S店维修服务系统调度问题,并利用约束理论和系统分解思想简化了系统的调度问题[10]。针对产品服务配置中服务无形性、知识高度密集性、客户交互等特点,沈瑾利用本体知识对产品服务的建模与配置进行了研究[11]。杨才君等以陕鼓集团提供的服务系统为例,分析了不同服务系统之间的相互转化过程及特点[12]。

1.3.2　国外现状与进展

产品服务实质上是将已有的产品作为一种工具或载体,向客户供应与产品有关的服务。例如:电梯服务围绕电梯的使用而进行,工程机械服务围绕工程机械软、硬件的使用开展。产品服务系统重点关注客户使用产品的阶段,因此它经常包含如设备安装调试、维护、维修、大修、备品备件、升级改造等服务内容。当然,在常见服务内容的基础上,还会有一些高附加值的服务形式,例如合同能源管理服务、使用咨询和培训等。White等认为产品服务化一般分为四阶段,分别是产品、产品及其相关服务、产品和服务包、基于产品的服务[13]。一般来说,产品服务的提供者是产品制造商、经销商或第三方服务商,使用者是客户。这里的客户可以是最终客户,也可以是中间客户。服务地点往往在客户的生产场所,有时也在服务提供商处,如空压机的大修服务,则需要运回服务商的大修车间进行。产品服务系统可涵盖产品使用周期内的全部活动。服务交付结果是满足客户生产任务需求的产品的工作能力或功能保障。为了保障产品服务系统正常交付和实施,需要搭建一系列的服务支持设施,如服务中心、备件配送服务网络等。

Marceau和Martinez认为,制造企业可以凭借产品服务来增强产品的功能,得到一定的差异化竞争优势[14]。所以,制造企业应该为客户提供满足其需求的服务解决方案而非单独的产品。在提供产品服务的情景下,制造商和它的客户之间的交互变得比较频繁,从而可以得到客户在产品使用、管理和回收等阶段的真实需求数据,为后续产品和服务的改进完善提供重要支持。Maussang等指出产品服务不但可以减少原材料消耗,还可以减少排放废弃物,有助于实现可持续的生产[15]。Halme等认为制造商拥有足够的产品数据和知识,不但能够帮助客户选出最符合他们需求的产品,还可以为产品的良好运行和使用提供有效的支持[16]。这种服务和产品的结合可以增强客户感知价值。

产品服务提供商往往会根据产品本身特点,结合客户的需求,为客户提供不同类型的产品服务系统。一般来讲,产品服务系统可以分为产品导向、使用导向和结果导向三种类型。以空压机产品服务为例,空压机维修、保养属于产品导向的服务;空压机租赁属于使用导向的服务;而为客户提供一定质量的压缩空气则属于结果导向的服务。在实际应用中,这三种类型的界限并没有划分得很清晰。有可能三种类型的产品服务系统同时存在,满足不同的客户需求或者同一客户的不同需求。

与产品服务相关的一系列概念和术语:产品服务系统(product service systems),服务型制造(service-embedded manufacturing)[17],功能产品(functional products)[18],功能型销售(functional sales)[19]以及服务工程(service engineering)[20]。这些术语大多是从宏观的角度来描述物质产品服务化的策略,并不能表达具体的服务层面的内容,而产品服务系统的概念深入具体产品和服务的层面,是用得相对广泛的概念之一,表1-3列出了一些典型的产品服务系统的定义。

表 1-3 一些典型的产品服务系统的定义

文 献 作 者	产品服务系统的定义
Manzini 等[21]	是一种创新的商业模式,在这种模式下,企业更多地关注产品和服务的集成,而非仅关注产品本身
Wong[22]	包涵产品和服务要素的解决方案以交付客户所需的功能
Tukker 和 Tischner[23]	满足最终顾客需求的有形产品和无形服务的组合物
Maussang 等[24]	是有形实物、服务单元和两者之间的关系组成的混合物,以确保顾客能够获得某种期望的效果、功能和应用
Aurich 等[25]	产品服务系统是面向生命周期的产品和服务的组合,实现产品价值的延伸
Meier 等[26]	产品服务系统是企业对企业(business to business,B2B)情境下一种典型的知识密集型的社会技术系统,其中包括集成的产品、服务和软件

然而,无论是产品服务系统,还是其他的服务化概念(如服务型制造),最终都需要靠物质产品集成或者组合一系列的服务来满足顾客的要求。也就是说,产品服务系统是实施产品服务系统等概念或战略的底层基础。因为产品服务系统可以直接增强产品的功能,保障其工作能力和绩效,它是各种产品服务化策略的基础,是实施服务化战略的落脚点。

1.4　制造业产品服务转型面临的问题

1.4.1　产品服务转型的核心

　　产品服务转型分为三个层面：战略层、运营层和执行层，如图1-4所示。执行层是实现服务转型战略的基础，服务战略和商业模式的最终实施要落在具体的产品服务方案及其实施上。同时，服务运营管理的对象是产品服务方案及其交付过程。在执行层面，产品服务方案又是详细设计阶段的重要输入和依据，决定着服务交付实施的质量。服务性能、服务成本等要素大多取决于早期的方案设计，因此产品服务方案还直接影响客户的满意度。所以，一旦产品服务方案确定，后续更改的成本和影响将非常大。

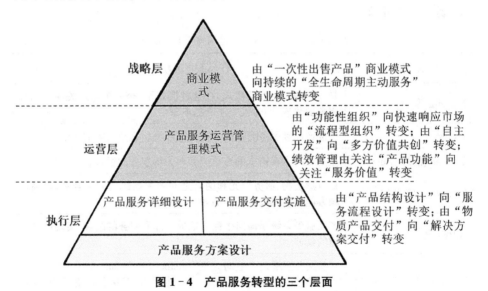

图1-4　产品服务转型的三个层面

　　因此，产品服务方案设计在所有服务转型过程中的重要性是不容低估的。方案设计构成了制造企业服务转型的底层基础。

　　产品服务方案是指通过一系列的服务流程、活动和服务资源来描述的满足客户需求的解决方案，其目的是保证和加强客户使用产品的功能或效果。本书所指的产品服务方案是由不同的服务模块实例，按照一定的规则有机组合而成的能够满足客户特定需求的服务解决方案。服务模块实例组合须满足必要的约束,例如时间、成本、相容相斥等。服务模块(service module)是指服务商为客户提供的相对独立的服务功能承载体,是产品服务方案的构造要素,它由一系列具备相互关联关系的服务构件组成。每个服务模块包含相同功能、不同性能的模块实例,模块实例指的是服务模块的具体实现内容,例如:〈智能系统诊断,网络反馈,3 小时内响应〉和〈人工专家诊断,电话反馈,5 小时内响应〉就是诊断服务模块的两个实例。它们都是为了实现故障诊断这一服务功能,但是服务性能却不相同。

组成产品服务方案的模块包括必选服务模块和可选服务模块。必选服务模块提供了基本的服务功能,可选服务模块是服务商为了满足客户个性化需求而提供的服务功能承载体。例如,在空压机服务方案中,安装调试服务模块是必选服务模块,而节能服务模块是可选模块,主要是面向有节能需求的空压机客户。产品服务方案主要依存于物质产品。产品服务方案的性能主要取决于服务模块实例,模块实例是方案性能的承载体。例如,安装调试服务模块分为"现场安装调试服务"和"远程安装调试指导服务",它们是不同服务水平的模块实例。为便于理解,表 1-4 给出了一个简单的模块化电梯产品服务方案实例。

表 1-4　模块化电梯产品服务方案实例

模　块　名　称	模　块　实　例
电梯服务知识支持模块	远程在线服务知识支持
	远程电话服务知识支持
	专人现场服务知识培训
电梯安装调试模块	远程异地安装调试
	现场安装调试指导
	全权委托安装调试
客户关怀模块	定期电话回访与抱怨处理
	随机上门回访与抱怨处理
	根据投诉情况回访
急修救援服务模块	多方合作联动救援
	服务商独立救援
电梯备件供应服务模块	一站式备件运营服务
	传统的备件供应服务

　　具体地,产品服务方案是由不同类型的服务模块组成的,如图 1-5 所示。

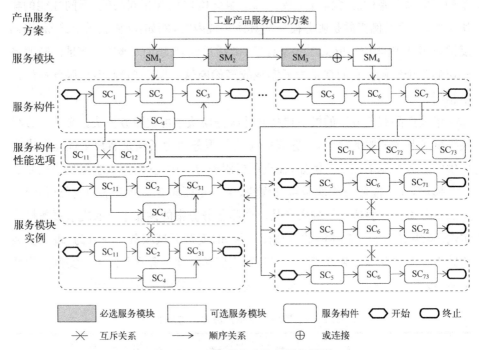

图 1-5　产品服务方案的结构模型

　　这些服务模块包括两大类,即必选服务模块和可选服务模块,它们分别承担了不同的服务功能。每一个服务模块由不同的服务构件 SC_i(服务活动、服务资源)按照一定的次序组合而成。服务构件之间的组合交互关系决定了服务模块的功能。部分服务构件具有不同的性能备选项 SC_{ij},服务模块中使用不同的服务水平的服务构件,可以派生出不同的服务模块实例。这些服务模块的实例之间是互斥的关系,即配置时只能选其一。例如,故障诊断服务模块包含服务构件集{故障信息获取,故障信息分析,故障信息反馈}。其中,服务构件"故障信息分析"包括两种不同服务水平的性能选项,即"智能系统故障分析"和"人工专家故障分析",由此派生出两个不同的备选服务模块实例{故障信息获取,智能系统故障分析,故障信息反馈}和{故障信息获取,人工专家故障分析,故障信息反馈}。虽然,这两个备选服务模块实例都具备故障诊断的服务功能,但是,它们具备不同的服务性能水平。对这些不同服务性能的模块实例进行选配组合,使得配置出的产品服务方案的综合性能与客户的要求最接近。

1.4.2 产品服务方案的特征

一般来说,产品服务方案具有以下特征。

1) 产品服务方案的价值导向性

与物质产品方案重视功能不一样,产品服务方案更加关注客户的核心利益,即客户价值的实现。例如,相对购买空压机的客户关注设备的排气量、排气压力等性能指标,购买空压机服务的客户更关注连续、稳定和可靠的供气能力。隐藏在客户核心价值后面的是一系列服务需求,而这些服务需求较产品需求更难以发现。传统的产品需求识别和分析方法不再适用于客户的服务需求的挖掘。

2) 产品服务方案的多冲突性

产品服务方案作为一项社会-技术系统(socio-technical system),涉及较多的相关利益方,不同的相关利益方有不同的价值诉求,反映到服务设计过程中,就可能产生不同的服务技术特性冲突。例如,客户追求更快的服务响应速度,而服务提供商追求的是更低的服务成本。但是,提升服务响应速度,往往需要增加服务中心建设的投资,增加服务成本。此时的服务响应速度和服务成本之间就存在冲突。服务技术特性之间的冲突会直接影响最终产品服务方案的质量。很多服务提供商往往在服务投诉发生后,才去采取一些服务补救措施,这会增加额外的成本。因此,在方案设计阶段就将潜在的冲突预先解决掉,不但可以提升方案的质量,也能够为创新性的解决方案的产生提供思路。

3) 产品服务方案内部关联的复杂性

与物质产品不同,构成产品服务方案的基本构件是无形的服务活动和资源,这些服务构件之间存在较为复杂的功能相关、服务流依赖、资源共享等关系。识别出全部服务构件及其相互关系,对于产品服务方案的设计非常重要。它可以帮助设计师将关系紧密的服务构件聚合为服务模块,降低服务设计的成本,提升设计效率。但是,传统产品零组件识别的方法并不适用于服务构件的识别过程。而且,如何将无形的服务构件在设计中有形地表达展示出来,也是比较困难的。

4) 产品服务方案的定制性

由于产品服务面向的是客户,每个客户的使用任务、活动内容以及对服务价格的承受能力不同,都会导致它们的服务需求也不同。如果按照统一标准的模式提供服务,并不能真正解决客户的实际问题。例如,制药厂客户对空压机服务的要求更加注重连续提供洁净压缩空气的能力,而利用管道输送气体的客户对空压机服务的要求则偏重设备运行的可靠性,从而保证所输送气体的连续性。

此外,客户往往对服务的响应时间和速度要求较高,如果产品服务提供商不能在其期望的时间内完成服务,客户的体验和满意度就会降低,最终影响服务品牌。

产品服务方案的价值导向性、方案的多冲突性及方案内部要素关联的复杂性都会增强产品服务方案的定制性要求。这是因为不同的客户其个性化需求和价值不同,实现这些需求的服务要素就会不同,要素之间的冲突就会不一样。

1.4.3　产品服务方案设计的问题

例 1-1　电梯产品服务方案设计

电梯产品服务方案设计中遇到如下问题。

近年来,随着中国城镇化进程的加快,电梯越来越多地被使用到各种建筑中。电梯安全不只是由产品质量决定的,客户是否正确使用、产品能否得到良好的维护和保养都将对电梯安全产生重要的影响。然而由于建筑特征、使用场景和使用人群的不同,电梯在种类、样式和功能上也是多种多样,例如:地铁站里长短不一的自动扶梯、商场里的旋转扶梯、酒店里的双开门载客电梯、立体停车场里的汽车电梯等,而这些电梯在物流运输、安装调试、维护保养等方面上的要求是千差万别的。因此,针对型号各异的电梯产品,需要提供相应个性化的产品服务,以满足不同环境下丰富多样的客户需求。

某电梯公司是中国最大的电梯产品制造商之一,主要生产的产品包括载客电梯、自动扶梯、载货电梯、医用电梯、汽车电梯、电梯综合监控系统、大楼安保系统及大楼自动化管理系统等。该公司连续 21 年在中国电梯行业中保持了领先的市场地位,并成为中国电梯行业中首家跨入中国 500 强的企业,首家累计销售电梯超过 40 万台、年主营业务收入超过 160 亿、电梯年产量超过 7 万台的企业。

传统的市场观念认为,电梯产品销售才是企业利润的主要来源。然而随着房地产市场热度的逐渐消退,电梯企业产能的不断扩大,以及电梯技术的不断成熟,新梯销售增长放缓,整机销售利润不断下降。所以,国内越来越多的电梯企业将业务重点从产品制造销售转移到维修服务上,以寻求新的利润增长点,实现企业的持续发展。考虑到这些因素,公司将电梯产品服务作为提升其竞争力的有效途径,公司以客户为中心,为客户提供强有力的产品服务,加快向服务战略的升级与转型,通过提供让客户满意的服务,塑造了具有自身特色的服务品牌。公司提供的产品服务主要有安装、保养、更新改造、远程监视、备件供应和数据信息分析等服务。

电梯安装服务。电梯的"总装配"在现场,现场安装是电梯装配最重要的环节。公司将委派专职的项目经理负责安装工程的计划、协调、人力调配,以及工程质量管理、安全管理等工作;制定施工方案及进行详细技术交底,并根据工地现场实际情况制定应急方案,确保按时、按质完成;利用先进的安装工艺(如无脚手架电梯安装工艺),规范安装流程,缩短安装周期,提高安装质量。

电梯保养服务。针对不同梯种特性、使用环境,配合使用维修专用计算机、特殊工具和工装,通过专业的保养工艺流程,提供日常的保养服务,例如对部件的清洁,对核心部件的安全性检查、润滑与调整等。同时,还对电梯进行巡检,针对电梯的实际运行状况,制定个性化的保养方案,最大限度地保证电梯的运营时间,节省由于不当保养而额外增加的修理费用,使电梯的故障率降至最低,延长电梯的使用寿命。公司拥有 49 个直属分公司,400 余个保养站点,形成了遍布全国的保养网络;数千名保养员工,几百名专业的技术人员,提供 365 天、24 小时的便捷保养服务。

电梯更新改造服务。将公司开发的最新技术和产品应用于有改造需求的电梯上,结合"节能环保、低碳、增效"的概念,提升电梯的品质,满足客户的个性化需求。将公司开发的最新技术、功能和材料,尽可能地移植到在用电梯上,扩展了在用电梯的使用功能,提高了电梯运行的可靠性和舒适感,进一步满足了客户的特殊需求。

电梯远程监视系统。基于 GPRS 无线技术的电梯远程服务系统——ReMES-Ⅱ,通过远程监视中心对电梯进行 24 小时不间断监视,第一时间发现电梯故障,并及时、迅速地完成派工调度、排除故障;特别针对电梯意外停梯关人,快速准确地营救可以防止事故进一步扩大。同时系统可提供电梯故障和异常情况的预警,并通过定期的远程数据采集和汇总,为电梯提供针对性的保养作业计划,实现"预保养服务",从而降低电梯故障发生概率,提高电梯使用质量;该系统能定期为客户提供电梯运行状况报告书,让客户全面了解电梯使用情况和运行状况。

电梯备件供应服务。一台电梯由数万个零件构成,只有按照原产品图纸工艺在原厂严格的品质管理下生产并按原厂检验标准检验合格的配件才能和电梯的其他部件完美配合。而假冒伪劣的电梯备配件的安装使用可能会对电梯的运行质量甚至运行安全产生严重影响。利用专家型的数据资料库可以提供迅捷的询价服务,客户需要备件服务时,只需要简单地提供购买电梯时的产品合同号和梯号,专业备件销售人员就能娴熟地利用公司先进的技术资料系统和商务数据库迅速查核出所需要的部件型号、价格及库存情况。同时利用专业的物流管理为客户提供灵活、快速的交货方式。公司在总部设有库存价值数千万的大型备件中心,在北京、广州、成都、沈阳、西安、武汉等地设有大规模的备件分中心,在全国 50 个城市设有备件销售点,形成了可靠的三级供应保障体系。在整个体系内,又通过灵活的物流配送为客户提供"想要就到"的配送、交货服务。针对保养客户,保养专家在电梯的机械部件磨损之前就会预先报告,得到客户的首肯后在影响到电梯正常运转前就及时更换了备件,同时还能享受保养客户的折扣。

电梯数据信息分析服务。从选择公司的产品开始,公司的信息化系统就集成了电梯的销售、安装、保养全过程的信息,为客户的电梯建立完备的"数据档案"。

该公司随着市场的全球化和需求个性化的不断发展,产品日益复杂化,产品价格不断下降,面临以下问题:

(1) 没有合理的面向产品服务的客户个性化需求获取与分析方法,目前仅用传统的面向产品的需求获取与分析方法,导致获取的需求不全面及不准确。

(2) 电梯产品服务的创新性不足,无法与市场上其他竞争者区分开。

(3) 电梯产品服务设计、交付的成本相对较高。

(4) 电梯产品服务的交付周期较长,无法快速满足客户的个性化需求。

虽然该公司在电梯产品方案的设计方面有着成熟的经验和知识。然而,这些适用于产品设计的方法却不能很好地支持电梯产品服务这种新的模式。因此,探索一套完善的产品服务方案设计方法和技术体系,并将其应用于电梯行业,对于我国电梯制造业的转型发展、提升自身竞争力等方面有着重要意义。

结合实际项目情况,在实际调研和文献研究的基础上,我们发现制造企业在产品服务方案设计过程中仍然存在以下问题和需求。

1) 如何识别与分析客户的个性化服务需求

产品服务系统是一种面向产品使用周期的主动服务支持,包括使用前、使用中和使用后等阶段。客户的服务需求往往体现在产品使用相关的活动中,模糊性和主观性都较强,这就需要一套系统的服务需求获取方法来识别客户在不同产品使用周期阶段的真实需求。充分理解客户的个性化的服务需求,才能设计出令客户满意的服务方案。

2) 如何对客户的个性化服务需求的重要度进行分析

产品服务系统的需求分析过程融合多方的知识、判断和经验,存在较多的主观性和不确定性。如何在不确定性的环境下,进行有效的产品服务需求重要度分析,识别出关键的客户需求,是亟待解决的问题。

3) 如何提取服务技术特性及解决其相互间的冲突

如何提取与客户需求相对应的服务技术特性,是产品服务设计的基础。客户需求和服务技术特性之间的映射过程包含很多专家的知识和经验,需要一套服务需求转化模型来获取比较准确的服务技术特性及其重要度。此外,得到的服务技术特性之间会存在一些冲突,如缩短服务响应时间有可能会增加服务成本。如果不加以解决,将影响最终服务解决方案及其交付的质量。与产品设计冲突相比,服务设计中的冲突更加隐蔽。所以,需要一套完善的技术冲突识别、分析和解决方法。实际上,服务技术特性解决的过程也是一个创新的过程,往往创新的方案会伴随着服务技术特性冲突的解决而产生。

4) 如何创建产品服务系统模块

与产品不同,产品服务方案是在无形的服务流程、活动及服务资源的支持下实现的。当外部环境(如需求)变动较大时,制造服务商往往需要重新设计产品服务,重新安排甚至是重新设计服务流程和资源,这样不但会影响产品服务系统响应时间和最终交付时间,也会造成设计资源的浪费。虽然可以借鉴模块化的思想,对产品服务系统进行模块化设计,降低设计成本。但是,与传统的产品模块化不同,产品服务系统模块化涉及不同相关利益方、资源、活动等要素,如何全面识别这些要素,并在此基础上构建合理的服务模块化方案是产品服务方案设计关注的重要问题。

5) 如何快速、低成本地提供满足客户个性化需求的定制化的产品服务方案

大部分制造商所提供的服务仍然属于标准统一的售后服务,没有深入考虑客户实际使用产品前、中、后各阶段的真实需求。"以一应百"式的服务模式,解决不了客户个性化的实际问题,导致客户服务体验差。面对个性化的客户需求,如何在较短的时间内快速、低成本地提供满足客户需求及其他约束的产品服务方案,是产品服务方案设计的难点。

1.4.4 产品服务商需要解决的问题

随着知识经济和服务业的快速发展,许多传统的产品制造商开始开发产品服务以加强其竞争力。产品服务系统是制造业获得可持续发展、赢得差异化竞争优势的重要前提,有利于实现我国从"制造大国"向"制造强国"转变。然而,总体上看,目前我国的产品服务设计能力还比较薄弱,主要是因为缺乏必要的产品

服务设计方法体系的支撑,提供的服务随机性强、成本高,不能满足客户多样化的需求等。产品服务设计的具体需求如下。

(1) 产品服务商需要一套行之有效的产品服务设计框架和方法支撑。设计框架应该充分考虑客户的要求,做到始于客户需求,终于客户需求,以"满足客户需求"为核心,形成一套闭环反馈的设计体系。框架中还应包括能够降低设计成本、满足客户个性化产品服务定制的技术和方法,降低服务成本,提升服务体验。

(2) 作为产品服务设计的源头,客户需求的识别要结合产品的生命周期和客户的活动周期综合考虑,减少客户需求信息遗漏。同时,为保证需求信息的准确传递,在需求分析过程中应该尽量减少主观性和模糊性的影响。

(3) 在客户需求向服务技术特性转化的过程中,一方面要尽可能保证所传递的需求信息的准确性,另一方面要识别出潜在的服务技术特性间的冲突,采用有效的手段加以解决,实现产品服务系统特性的创新,设计出令客户满意的产品服务方案,同时加大差异化竞争优势。

(4) 为了降低服务设计成本、增加设计的可再用性,需要开发出适合产品服务的模块化方法。服务模块的构建必须直观、易懂,便于服务设计师使用。

(5) 在服务模块方案的基础上,利用产品服务方案配置优化技术,帮助客户实现方案的快速自由定制,满足客户不断增加的个性化需求。面对众多可行的配置方案集,需要一套合理的方案评价技术,协助客户和设计师选出最能满足客户需求的方案。

例1-1续 电梯产品服务方案设计

以1.4.3节中的电梯制造企业为例,该电梯企业正在积极寻求新的产品服务方法和服务模式,增强顾客满意度,提高企业竞争力,而产品服务方案的设计是实现解决上述问题的关键所在。该企业希望通过完善的产品服务方案设计体系实现以下转变。

(1) 探索一套适合电梯产品服务的客户需求识别与分析方法,以便准确、全面地理解电梯客户的价值期望,开发出能够真正满足客户需求的服务方案。

(2) 在服务设计规划阶段,解决服务技术特性之间的冲突,提高后期产品服务交付的质量,同时实现电梯产品服务的创新。

(3) 改变当前电梯产品服务设计不规范的现状,实施模块化产品服务设计,提升设计效率,降低设计成本。

（4）实现以服务模块及模块实例为中心的电梯产品服务优化配置与定制，增强服务柔性，满足客户多元化、个性化的需求。

1.5　如何实现制造业产品服务转型

以往的设计理论大多关注如何通过设计物质产品的功能来满足客户需求，但是对于如何更好地实现产品的功能，乃至如何优化产品的使用以取得较好的使用效果和绩效，并没有给予较多的关注。所以，传统的产品设计理论对于产品服务系统这一新兴业态并不完全适合。产品服务方案设计要求从客户使用产品的需求出发，设计出一套面向客户需求、同时兼顾多方利益的整体服务解决方案。

因此，如何以较低的成本，为客户提供灵活的产品服务系统，以满足其个性化的需求，是当前产品服务研究领域所要解决的重要问题，解决这个问题需要一系列的设计技术和方法的支撑。研究产品服务方案设计的技术和方法，可以提升产品服务系统领域研究的深度和广度，有助于实现制造企业服务转型的战略。

例1-2　空气压缩机和电梯行业面临的挑战

产品功能的同质化、设备的复杂化以及节能环保压力等因素，迫使产品制造商逐渐从产品设计制造转向基于产品的高附加值服务供应。服务转型特征比较明显的两个行业是空气压缩机行业和电梯行业。

空气压缩机（以下简称"空压机"）作为一种结构相对复杂的通用设备，具有运转时间较长、电机功耗大等特征，所以要保障空压机在生产过程中可靠、稳定地完成任务，就需要专业的维修、保养及能源管理等相关服务。但是，市场上的第三方空压机服务提供商的水平往往参差不齐，专业能力差，所提供的服务并没有考虑客户真正的需求，服务缺乏创新，无法满足客户灵活多样的定制化需求。

除了空压机服务行业，电梯服务也逐渐为人们所关注。随着电梯技术快速发展，不同厂商的产品在功能、性能等方面差距不断缩小，电梯服务的重要性就突显出来。但是，客户对电梯服务的要求，不仅是以往的故障响应和解决，更多的是电梯服务商能否深刻理解客户的需求，解决实际问题，实现相关利益方的共同价值。实际上，客户需要一套完整的、切合自身实际情况的电梯服务方案。例如,客户要求电梯服务商能够以较低的价格,提供灵活多样的服务定制空间,适应其业务或者建筑环境的需求。然而,大多数的电梯服务公司并不具备产品服务方案的设计能力,没有一套完善的客户需求收集和处理机制。这些电梯服务商大多是被动地响应客户需求,例如通过客户抱怨和投诉来获取服务需求并提供维保服务,不利于客户满意度的提升和公司品牌形象的树立,从而最终影响市场竞争力和市场份额。同时,大量参差不齐的第三方电梯维保服务公司的建立和参与,使电梯服务行业的竞争越来越激烈。如何通过电梯服务方案的设计创新来实现业务的持续增长,也是电梯制造企业所要面临的重要问题。

总体来看,制造业的服务转型仍然处于早期的探索阶段。大多企业仍没有一套规范全面的产品服务设计体系和相关支撑技术。它们提供的服务方案往往随机性较强,缺乏量化的、规范化的产品服务设计方法和流程,导致交付的服务方案不能满足客户需求,服务成本也很高。

1.5.1 产品服务转型方案

结合产品服务方案及其设计的特征,在文献研究和需求分析的基础上,根据产品服务方案设计所面临的问题,本书提出了面向客户需求的产品服务设计解决方案,即产品服务方案设计框架,如图 1-6 所示。

总体设计框架共分为三层:顶层是设计过程阶段交付物;中间层是产品服务方案的设计过程;底层是方法和技术所使用的支持数据、信息和知识。产品服务方案的设计以实现客户的服务需求为核心,以需求的识别分析为起点,以获得最佳产品服务配置优化方案为终点。框架顶层包含五部分,分别是产品服务系统需求、服务技术特性及其冲突解决、工业产品服务系统模块、产品服务配置方案集和产品服务方案。各个部分逐层递进,通过相互之间的映射实现设计信息的传递。相应地,中间层是实现设计过程的服务需求识别分析、服务技术特性提取、服务构件识别与模块创建、服务配置优化与方案评选及个性化产品服务方案推荐。方案设计技术的运用离不开相关数据、信息和知识的支持,包括产品使用周期信息(如设备健康状态监测信息、客户反馈等)、设计专家的技术特性映射知识等。

通过为客户提供一系列的基于产品的服务方案,产品服务商可以解决客户在产品使用过程中遇到的问题,提升客户的价值感。产品服务方案的设计是实

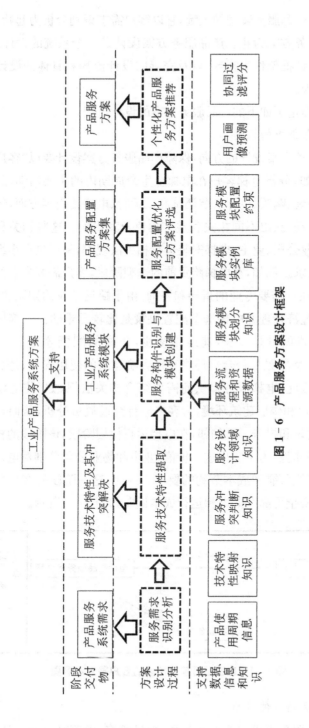

图 1-6　产品服务方案设计框架

现由物质产品向产品服务转型的关键,它以客户需求识别分析为起始,到获得合理满意的产品服务方案为止。产品服务方案设计是一个系统的设计过程,它需要一套完整的设计框架作为指导,以及完善的设计流程和具体的设计方法的支持,才能顺利实现。

因此,我们确定了如下的产品服务方案的设计过程。

1) 产品服务需求的识别

确定产品服务方案设计的方向,保障产品服务方案设计要以"客户的服务需求"为核心。例如,分析电梯客户在电梯全生命周期内的主要活动,除了电梯产品的选型配置咨询、购买、电梯安装调试和试运行、电梯使用等方面,还有围绕电梯客户的关键活动,找出不同相关利益方角色及其影响。这些相关利益方包括地产开发商、物业公司、业主、电梯安装运行相关法规等,采用焦点小组和访谈方法获取他们的需求。例如,在电梯购置前的选型阶段,客户需要专业的电梯选型配置建议,而这往往需要专业的指导和咨询,由于缺乏专业的知识和背景,对于客户来说,做出经济合理的电梯选型配置决策是比较困难的。一栋楼应设置几台电梯,电梯的载重量是多少,速度是多少,怎样的配置才是与本楼最匹配的……电梯的选型配置是否合理还将直接影响建筑的使用安全、经营服务质量以及经济效益,因此,电梯服务提供商需要结合相关法规(如《住宅设计规范》,GB 50096—2011)和楼层建筑环境,为客户进行交通流量分析,从而提供合适的电梯产品选择建议和报告。又例如,在电梯运行使用阶段,该阶段的核心价值是安全可靠的乘梯体验,为了实现这一价值,业主和物业公司分别对电梯服务提供商提出了运行安全可靠和成本节约的要求。因此,这一阶段的客户需求可以总结为"电梯运行安全可靠"和"电梯运行成本低",如图 1-7 所示。

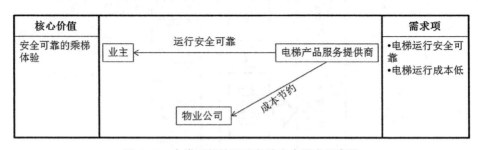

图 1-7　电梯运行使用阶段的客户需求示意图

2) 产品服务需求的分析

客户的产品服务需求往往种类各异、数目繁多,然而受企业设计资源、资金等方面的限制,企业无法满足所有的客户需求。因此,需要对产品服务需求进行重要度评价与排序,以找出关键的产品服务需求,确定各产品服务需求实现的优先级次序,帮助企业明确设计的重点及方向。

3) 服务需求转化

将服务需求映射为服务技术特性,并解决技术特性间的冲突,保障后续服务方案的交付质量,减少不必要的客户抱怨和投诉。服务技术特性是指产品服务所能提供的服务性能,是客户需求的代用特性。通过将客户需求转化为设计师能够理解的服务技术特性,将模糊、抽象的客户需求具体化,转化为服务设计师的语言。

4) 服务模块化

实现服务流程、资源和活动等服务要素聚集,为实现服务的灵活定制做准备。同时,实现服务设计知识、经验的重复使用,提升设计效率,降低设计成本。为了快速满足客户个性化的产品服务需求,产品服务提供商可以在产品服务设计过程中使用一些通用的服务模块,以便共享设计资源,降低设计成本,缩短产品服务的交付时间。而服务模块是由具备一定相互关联关系的服务构件聚合而成的,这样能够有效减少设计冗余,提升设计资源利用率,也便于后续产品服务的配置,简化整个服务方案的设计过程。此外,产品服务方案的种类也可以通过不同服务模块的配置而大为丰富,增加了客户的选择余地。然而,构成产品服务的元素不仅包括产品软硬件资源,还涉及服务人员、服务对象和服务过程等内容,这些都使得服务的内容和结构更加复杂和灵活。

5) 服务方案配置优化

在一定约束条件下,实现产品服务方案的快速定制,提供符合客户预期(如服务性能、成本、响应时间等)的产品服务方案。产品服务配置是根据客户需求,查找合适的产品服务模块实例,组合出满足客户需求的服务方案。因此,产品服务配置实质上是在客户需求驱动下的服务模块实例化的过程。产品服务方案的模块化配置,实现了客户驱动、快速定制,为准确而快速地响应市场提供了必要的保障。

6) 产品服务方案智能化推荐

根据客户需求,查找合适的产品服务实例,并推荐满足客户需求的产品服务方案。通过分析用户对产品方案的评价,在尽可能短的时间内,准确地进行产品服务方案的推荐,提供满足客户需求的最佳产品服务方案。

1.5.2 服务转型方案的可行性和先进性

1）服务转型方案的可行性分析

智能化信息采集技术为产品服务系统的客户需求识别分析提供了良好的技术实现基础。虽然产品服务系统的需求受到不同生命周期阶段、不同相关利益方的影响，但是随着互联网、无线移动通信技术和产品智能识别技术的发展，获取客户在产品生命周期内的需求（如产品的使用和维护、维修、大修、回收、拆解等）越来越容易。例如一些工业设备上装有数据自动获取单元，能够实时将其运行的状态信息传递给产品服务商，以便服务商能够及时获取客户的各种服务需求，从而第一时间响应。智能化采集技术能够快速获取产品服务系统的需求信息，弥补人工获取需求效率低、互动性差的不足，实现全方位的实时需求信息捕捉，从而为本章所提出的需求识别与分析方法提供良好的技术实现基础。

产品的稳定性为模块化服务方案设计提供了基础。一般来说，成熟产品的技术、功能和结构在较长的时间内具备一定的稳定性，较少出现突破性的变化。例如，电梯在井道内运行，主要靠的是曳引机传递动力。这种曳引技术和结构在较长时间内保持相对稳定。此外，产品往往具有类似的生命周期过程，从开始的设计到最终的回收再利用，具有一些共性的服务功能需求，例如维修、保养、技术咨询等服务功能需求，在一定时期内都是稳定的。因此，产品及其相关服务的稳定性为实现模块化产品服务方案设计提供了现实基础，可以将一些服务流程、服务资源或作业活动等服务构件抽象成模块。

工业制造业的部分实践也说明了框架的实用性。作为全球最大的飞机发动机制造商，Rolls - Royce公司逐渐从为客户提供可靠的发动机，转向为客户提供基于发动机的高附加值服务。公司可以根据不同的客户需求，灵活地定制出不同的产品服务内容，如任务准备解决方案（mission ready management systems，MRMS）、公司维护（corporate care）和全面维护（total care）。其中，MRMS是为军用航空服务领域的客户提供的定制化服务方案，主要满足军队优化战斗部署和降低维护成本的需求。MRMS分为基础服务支持、初级服务支持、高级服务支持、全面服务支持和延伸服务支持等。而公司维护服务方案是为公务机客户提供从零部件管理到发动机大修的一整套发动机维护服务，包括发动机管理计划、发动机状态监测等。全面维护服务方案是为航空公司提供的发动机全生命周期的支援、维修及优化服务，按照飞机单位飞行的小时数收费。Rolls - Royce公司成功地通过灵活的服务配置满足客户的需求，充分证明了该服务设计模式的可行性。此外,其他的案例诸如瑞士 Schindler 电梯公司根据客户需求(如建筑设计、乘客情况、每天人流量等),为客户提供个性化定制维修保养服务和增值服务。这些知名公司在业界的成功也说明了本章所提出的框架的可行性。

2) 服务转型方案的先进性分析

本章提出的产品服务方案设计框架有以下特点:解决方案包含的四个部分——客户需求、服务技术特性、服务模块和产品服务方案之间逐次递进和映射,层次清晰,便于服务设计师在实践中操作使用。

在产品服务系统的客户需求识别中,充分考虑了相关利益方在不同阶段对客户活动的影响,提供了一套完善的面向产品服务系统的客户需求识别分析模型。

在客户需求向服务技术特性转化的过程中,所提出的设计框架不仅考虑了客户需求向服务技术特性的映射,更为重要的是,还提供了有效的服务设计冲突识别、分析和解决方法,来解决各服务技术特性之间可能存在的冲突,保证后续方案的质量和创新性。

本章所提出的设计框架还将模块化的思想引入产品服务方案设计过程,包括产品服务模块的构建和基于模块的服务方案配置优化,可以有效降低服务设计成本,提高服务设计效率,增强产品服务方案的可定制性,提升客户满意度。

本章提出的产品服务方案设计框架从客户需求出发,根据客户需求确定产品服务系统的技术特性,利用服务模块灵活地配置出满足客户需求的服务方案。最后再以客户需求为评价准则,选出最佳的配置方案。这些框架始于客户需求,终于客户需求,形成了良好的闭环设计反馈,有利于后续产品服务方案的改进。

1.6　本章小结

本章首先介绍了制造企业服务转型的大趋势,并列举了一些典型的成功应用案例。阐明了产品服务系统产生的背景,明确了产品服务方案在服务转型中的重要作用,分析了产品服务方案设计的关键问题。在此基础上,提出了系统的服务解决方案,并对所提出的产品服务解决方案的可行性与先进性进行了详细的分析和说明。

第2章
产品服务需求的智能识别

2.1 引　言

客户需求是产品服务设计的根本输入,具有多样性、模糊性和较强的主观性等特点,只有充分挖掘和理解了客户的真实需求,才能设计和提供令客户满意的产品服务方案。本章我们提出了两种系统化的产品服务需求识别方法。

1) 基于在线评论的产品服务共性需求和个性需求识别

在线评论作为客户购前重要的参考依据和购后主要的信息分享方式,包含着大量的客户真实感受和购买使用体验,因此也成为越来越多企业研究客户需求、把握甚至预测市场风向的重要渠道。然而,产品服务是无形且与产品绑定在一起、具有一定过程的,所以客户在对产品服务进行表述和评论时,会更加模糊和主观。此外,对于绝大多数产品,目前没有专门针对其产品服务的在线评论专区,所以普遍存在的情况是有关产品自身性能的评论与有关产品服务的评论混杂在一起。因此,这些特性都使基于在线评论的产品服务共性和个性需求识别相较于产品需求而言更加困难。基于此,我们提出了一种全新的基于在线评论的产品服务共性和个性需求的识别方法。该方法首先基于客户-产品服务画像(customer - product service portrait, CPSP),将部分先验知识整合进隐狄里赫利分配模型(latent Dirichlet allocation, LDA 模型)中,提出利用改进的 LDA 主题模型(CPSP - LDA 主题模型),从评论文档语料库中精准挖掘与产品服务有关的主题词和关键词,并依此筛选出产品服务评论文档集;之后基于评论影响力特征(influence characteristics of reviews, ICR),提出利用改进的 Louvain 算法

(ICR-Louvain算法)对产品服务关键词的词共现关系网络进行社区划分,以挖掘不同客户间的共性关注点和个性关注点;最后根据社区划分结果导出产品服务共性需求和个性需求。该系统化的需求识别方法可以使所导出的产品服务需求更贴合实际需要且更具有预测性,其需求识别结果能为后续的产品服务模块化提供更详细有效、更具针对性和预测性的信息支持,便于产品服务方案的设计、配置与优化,因此该方法非常具有应用价值和发展前景。

2) 基于工业客户活动周期模型的工业产品服务需求识别

工业产品是指制造企业所生产的,满足其他工商企业、政府机构或事业单位特定用途的产品(如空压机、工程机械、载货/客电梯等)。针对工业产品服务,既往研究不多,没有一套系统的面向工业产品服务的客户需求收集方法和流程。因此,我们提出了一种专门针对工业产品服务的需求识别方法。该方法在对工业客户产品服务需求的特点进行全面剖析的基础上,构建了工业客户活动周期分析模型(industrial customer activity cycle analysis,I-CAC模型),该模型综合考虑了工业产品使用全生命周期和相关利益方对客户活动的影响,能有效识别各个阶段的客户活动和价值,以此分阶段导出层次化的客户对工业产品服务的实际需求。该需求识别结果能帮助制造企业在工业产品服务设计过程中获得较全面的服务需求,为后续的工业产品服务设计活动提供方向。

2.2　基于在线评论的产品服务共性需求和个性需求识别

客户的产品服务需求可分为产品服务共性需求和产品服务个性需求。其中,产品服务共性需求是指大部分客户关于产品服务都会存在的诉求,例如售前导购服务、产品快递服务等;产品服务个性需求则是指不同客户自我表现的个别性需求[27],它是一种更高层次的需求,是由于不同客户在文化思想水平和所处社会环境等方面的不同,而展现出关于产品服务的个体差异性诉求。以汽车客户为例,有的客户希望能在车身上加印个性化的签名,还有的客户希望能根据自己的身型和驾车习惯对车内空间进行专门的设计与定制等。因此,产品服务共性需求和个性需求的识别结果能为产品服务模块化提供更加详细、更有针对性的信息支持,便于后续产品服务方案的设计、配置与优化。

基于在线评论的产品服务共性需求和个性需求识别流程如图 2-1 所示,下

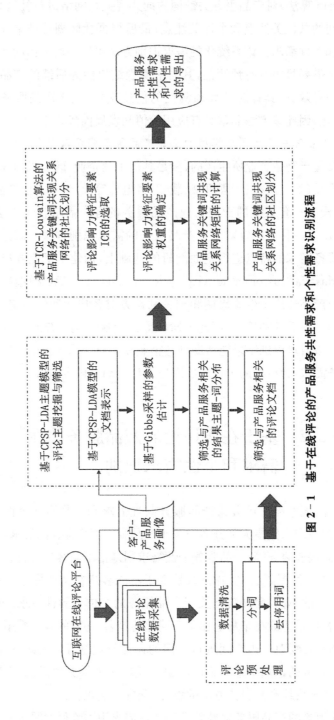

图 2-1 基于在线评论的产品服务共性需求和个性需求识别流程

面将对其中的具体步骤进行解释说明。

2.2.1　在线评论数据采集与评论预处理

首先,针对所研究的产品服务对象,选择合适的互联网在线评论平台,通过编写网络爬虫获取评论数据。例如,如果是研究汽车的产品服务,则可以通过"汽车之家""车主之家"等平台的客户评论专区采集评论数据;如果是研究空气净化器的产品服务,则可以通过淘宝、京东等电商平台的客户评论区采集评论数据。所采集的数据具体可以包括评论者信息、评论对象信息、评论文档、评论文档所获转发数、点赞数、评论数、阅读量等,并将其存储为原始评论语料库。

通过网络爬虫技术获得的原始评论文档数量庞大且质量不一,会存在许多无用、不完整或异常的数据信息,这些都将影响后续的模型训练效率甚至导致结果偏差。因此接下来需要对评论文档进行数据预处理,将原始的、非结构化的评论文档转换为结构化的、便于模型处理的数据。评论预处理主要包括数据清洗、分词和去停用词这三个步骤。

1) 数据清洗

数据清洗是指通过观察原始评论文档,将系统默认评论、信息不充分评论和重复多次评论剔除,减少无效评论的噪声干扰,具体解释如下。

(1) 系统默认评论:是指客户评论时虽然进行了星级打分、上传图片等操作,但没有输入评论文本内容,所以在线评论平台会自动将"此客户未填写评价内容"等平台默认话术作为该评论的文本部分展示,而这类评论于后续研究毫无意义,因此需要剔除。

(2) 信息不充分评论:是指评论文本字数过少的客户评论,如"不好""hhh""可以"等,这类敷衍的评论没有什么分析价值,我们无法从中挖掘具有实际利用价值的信息,对于后续研究并无太大意义,因此需要剔除。

(3) 重复多次评论:是指客户或商家或平台方为了获取相关利益,如赚取购物积分、获得商家返现、刷好评提高产品评分、增加平台活跃度等,而出现的许多具有相同文本内容的在线评论,这对后续研究会产生很大的干扰,会影响需求识别结果的真实性和有效性,因此需要剔除。

2) 分词

分词是指将每一条评论文档按照一定规则切分成独立的词集合,作为后续模型分析的基础。需要指出的是,英文文本不需要分词,因为其每个单词都独立存在,而中文文本由于缺乏词与词之间的分隔符,所以在实现上会更加复杂一些[28]。Jieba 分词是一款常用的中文开源分词工具,具有分词速度快、准确率高、模式和功能齐全等诸多优势,它的工作原理是依据给定的中文词典,确定各个汉字之间的关联概率,关联概率大的即组成词,进而得到分词结果。Jieba 分词共有三种分词模式:全模式、精确模式和搜索引擎模式,实际应用时可以根据具体研究需要进行选择,下面以评论"该品牌汽车的客服中心服务态度真心巨差"为例对这三种分词模式进行说明。

(1) 全模式是指将句子中所有可组成的词全部切分出来,分词结果示例:该/品牌/汽车/的/客服/中心/客服中心/服务/态度/服务态度/真/心/真心/巨/差/巨差。

(2) 精确模式是指将句子中可组成的词以最精确的形式呈现出来,分词结果示例:该/品牌/汽车/的/客服中心/服务/态度/真心/巨差。

(3) 搜索引擎模式是指对精确模式分词结果中的长词进行再次切分,分词结果示例:该/品牌/汽车/的/客服/中心/客服中心/服务/态度/真/心/真心/巨差。

然而,仅仅依靠 Jieba 分词工具来完成中文分词还是不够的,一些与产品、产品服务和客户相关的专有词组以及新型的网络流行用语很容易被分词工具错误切分,使得分词结果存在一定偏差,造成词语歧义。Jieba 分词提供自定义词典接口,以满足应用于不同领域时的需要,因此这里提出依据客户-产品服务画像(在 2.2.2 节中会进行详细说明)对 Jieba 分词词典进行补充,以保证分词结果的有效性和准确性,消除词语歧义。

3) 去停用词

分词之后,得到的词集合中会包含很多没有实际分析意义的词,例如介词(由于、通过、对于)、人称代词(你、我、他)、连词(所以、而且、和)、标点符号等,这些对于后续研究无关的词通常被统称为停用词(stop word)。停用词在评论文档中出现的频率很高,但其包含的有用信息极为有限,因此其存在会使评论数据的特征权重变稀疏,影响主题和词的识别效果,所以需要在数据预处理时将其过滤掉[29]。

停用词的过滤需要借助停用词表来完成,并且停用词表中包含的停用词越多,过滤得到的词集合就会越"干净"。常用的停用词表有中文停用词表、百度停用词表、哈工大停用词表和四川大学机器智能实验室停用词表。所研究的专业领域不同,所采用的停用词表也会存在差异。此外,网络环境下层出不穷的新词也对停用词表的动态更新提出了要求。因此，实际使用时，需要根据具体的研究内容、研究方向和研究目的不断地修改并完善停用词表，以保证停用词过滤的全面性和准确性，较好地提升整个流程的效率。

原始评论文档数据依照上述步骤进行数据预处理后，就能得到一个较为规范的、能够放在后续科研模型中使用的、结构化的评论文档语料库（corpus），其中每一行表示一个评论"文档"（document），其中包含有若干个具有实际意义的"词"（word）。

2.2.2　基于 CPSP - LDA 主题模型的评论主题挖掘与筛选

正如在本章引言部分所提及的，由于产品服务的特殊性，绝大多数产品都没有专门针对其产品服务的在线评论专区，因而在评论文档语料库中，会混杂着有关产品自身性能的评论和有关产品服务的评论。因此，我们提出了一种改进的 LDA 主题模型——CPSP - LDA 主题模型，用于对评论文档语料库进行主题挖掘，以识别出与产品服务相关的主题和词，筛选出与产品服务相关的评论文档集。

1）传统 LDA 主题模型的不足

传统 LDA 主题模型[30]是由 Blei 等人在 2003 年提出的一种文档生成模型，它作为一种无监督机器学习技术，常被用来识别大规模文档集中潜藏的主题信息。LDA 主题模型基于词袋（bag of words）的思想，将一篇文档看作一个词频向量，且不考虑词与词之间的先后顺序。该模型认为每篇文档是由若干个潜在主题以一定概率分布构成，每个主题也由若干个词以一定概率分布构成，因此通过引入主题这一中介概念，将文档与词之间的关系转换成文档与主题、主题与词的关系，从而实现文档的特征降维，所以 LDA 模型也是一个由文档、主题和词组成的三层贝叶斯概率模型。

传统 LDA 主题模型的文档生成算法如算法 2-1 所示，在从语料库中选择输入文档的每个词时，首先需要从文档-主题分布 θ_d 中选择该词的主题 z_i，然后从对应的主题-词分布 φ_{z_i} 中选择一个词 w_i，其中 θ_d 和 φ_k 分别服从 $Dir(\alpha)$ 和 $Dir(\beta)$ 先验。图 2-2 为该文档生成算法的图模型表示，图中空心圆表示随机变量，实心圆表示可观测变量（如词 w_i），长方形线框表示循环执行过程，箭头指向表示条件依赖关系。模型中除了可观测变量外，其余变量都是未知的，需要根据已有知识进行推断。

算法 2-1   传统 LDA 模型的文档生成算法

(1) 对于每一个主题 k，$k = 1, \cdots, K$：

选择表示主题中各词的概率分布 φ_k，$\varphi_k \sim \mathrm{Dir}(\beta)$。

(2) 对于每一篇文档 d，$d = 1, \cdots, D$：

选择文档长度 N_d，$N_d \sim \mathrm{Poisson}(\xi)$；

选择文档-主题的概率分布 θ_d，$\theta_d \sim \mathrm{Dir}(\alpha)$。

对于文档中的每一个词，$i = 1, \cdots, N_d$：

选择一个主题 z_i，$z_i \sim \mathrm{Mult}(\theta_d)$；

选择一个词 w_i，$w_i \sim \mathrm{Mult}(\varphi_{z_i})$。

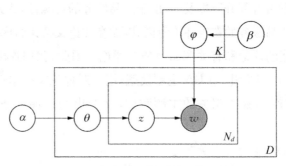

图 2-2   传统 LDA 模型的图模型表示

由此可见，传统 LDA 主题模型是根据词共现关系将文档集中语义相关的词分类到单个主题当中，进而确定文档主题，所以该模型的目标是最大限度地提高主题与词、文档与主题的契合概率，因此会更倾向于解释文档集中更明显共现的词，而忽略那些在文档集中较少出现但又可能具有关键意义的词，因此传统 LDA 模型在主题识别过程中会存在一定的盲目性[31]，其识别结果也非常依赖于文档集的数量和质量。此外，传统 LDA 主题模型并没有提供工具来调优生成的主题以适应实际研究期望，所以常常导致识别出的主题结果难以解释[32]。

因此，若利用传统 LDA 主题模型来处理前面所述的那类在线评论，则会存在主题指代不明、关键词混乱的问题。例如，表 2-1 是利用传统 LDA 主题模型对 5 002 条汽车产品在线评论进行处理后，输出的某一主题-词分布结果，可以发现 10 个词当中有 7 个是关于汽车本身轮胎质量的词，另外 3 个词"电话""救援""客服"则是与道路救援服务相关的。这是因为单独针对道路救援服务的评论内容很少，却常常会与汽车轮胎质量被同时提及，例如"汽车的轮胎质量不好，开了没几天就磨损严重，之后在一条没有多少坑坑洼洼的路上还爆胎，爆胎后给客服中心打电话,打了几次才接,救援速度也慢,非常耽误行程"。传统 LDA 主题模型识别到这些词会经常共现,因而将其归为同一主题。但是,显然这样的主题-词分布结果与预期不符,并不能有效区分和提炼出与产品服务相关的主题和词,从而导致客户真实的产品服务需求被遗漏。

表 2 - 1 利用传统 LDA 主题模型处理汽车产品在线评论的某一主题-词分布结果

序 号	词	概 率	序 号	词	概 率
1	轮胎	0.041 895 96	6	电话	0.021 823 65
2	爆胎	0.034 959 85	7	轮毂	0.021 742 13
3	鼓包	0.029 025 74	8	救援	0.019 689 39
4	磨损	0.027 893 35	9	客服	0.019 333 44
5	异常	0.025 620 58	10	胎压	0.018 343 86

2) 改进的 LDA 主题模型——CPSP - LDA 主题模型

这里我们提出了一种改进的 LDA 主题模型——CPSP - LDA 主题模型,该模型通过将根据客户-产品服务画像得来的先验知识整合进 LDA 模型,将其变成一种可选的半监督主题识别模型。CPSP - LDA 模型能更深入地挖掘评论文档中的潜在语义关系,更有针对性地从在线评论中识别出与产品服务相关的主题和关键词,进而使导出的产品服务需求更贴合实际需要且更具有预测性,因此该模型非常具有应用价值和发展前景。

首先,将传统的、无监督的 LDA 主题模型变成半监督 LDA 主题模型,需要将少量的先验知识如自定义的种子主题(seed topic)和种子词(seed word)整合进模型进行训练,以提高主题识别的有效性和准确性,因此种子主题和种子词的确定尤为重要。针对此,我们构建了客户-产品服务画像,如图 2 - 3 所示。由于客户与产品服务的整个交互过程中既涉及客户信息,也涉及产品服务信息,同时产品服务是具有一定应用场景的,所以该画像被设计为 2 大类 3 部分。其中,标签体系是基于当前在线评论平台的特点,对客户及产品服务定义的相关标签,关于客户的标签有基础信息、身份信息、消费信息和评价信息;关于产品服务的标签有基本信息、成交信息和被评价信息。标签体系应用场景是指标签体现在客户的各类需求阶段的应用,这里基于产品生命周期的思想,将应用场景划分为 4 大阶段:售前阶段、售中阶段、售后阶段和重购阶段,基本上客户之于产品都会经历这 4 大阶段,所以该阶段划分具有通用性和普适性。各大阶段下细分的小阶段如图 2-3 所示,在这些不同的阶段,客户的产品服务需求千差万别,对相应服务的评价也会涉及不同的关键词。

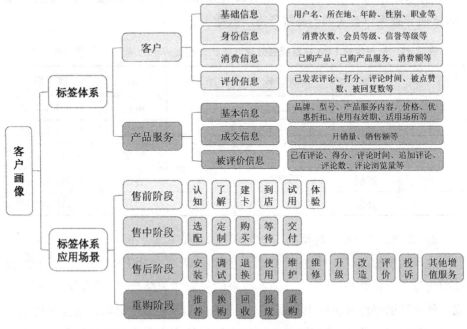

图 2-3 客户-产品服务画像

由此,借助客户-产品服务画像,结合所研究的产品服务的对象特征和实际需要,便可确定先验种子主题和种子词,例如表 2-2 所示的是针对汽车产品在线评论的部分种子主题和种子词。

表 2-2 针对汽车产品在线评论的部分种子主题和种子词示例

种子主题	种子主题内容	种 子 词
1	道路救援	事故、道路、救援、电话
2	汽车金融	金融、保险、基金
3	汽车维护	维护、美容、洗车、保养

这里我们提出的 CPSP-LDA 模型文档生成算法如算法 2-2 所示,其图模型表示如图 2-4 所示,图中空心圆表示随机变量,实心圆表示可观测变量(如词 w),长方形线框表示循环执行过程,箭头指向表示条件依赖关系,模型中除了可观测变量外,其余变量都是未知的,因此需要算法根据已有知识进行推断,其中各参数名称的说明如表 2-3 所示。

算法 2-2　CPSP-LDA 模型文档生成算法

(1) 对于每一个主题 k，$k = 1, \cdots, K$：

　　选择表示种子主题中各词的概率分布 φ_k^s，$\varphi_k^s \sim \mathrm{Dir}(\beta_s)$；

　　选择表示结果主题中各词的概率分布 φ_k^r，$\varphi_k^r \sim \mathrm{Dir}(\beta_r)$；

　　选择参数 ξ_k，$\xi_k \sim \mathrm{Beta}(1, 1)$。

(2) 对于每一个种子主题 s，$s = 1, \cdots, S$：

　　选择种子主题-结果主题的概率分布 η_s，η_s 长度为 K，$\eta_s \sim \mathrm{Dir}(\alpha)$。

(3) 对于每一篇文档 d，$d = 1, \cdots, D$：

　　选择文档长度 N_d，$N_d \sim \mathrm{Poisson}(\xi)$；

　　选择一个长度为 S 的向量 $\boldsymbol{\lambda}_d = (\lambda_d^1, \cdots, \lambda_d^S)$，$\lambda_d^s \in \{0, 1\}$；

　　计算 $\Lambda_d = \boldsymbol{\lambda}_d \times M^{\eta_s}$；

　　选择文档-主题的概率分布 θ_d，$\theta_d \sim \mathrm{Dir}(\Lambda_d)$；

　　对于文档中的每一个词，$i = 1, \cdots, N_d$：

　　　　选择一个主题 z_i，$z_i \sim \mathrm{Mult}(\theta_d)$；

　　　　选择一个参数 τ_i，$\tau_i \sim \mathrm{Bern}(\xi_{\tau_i})$；

　　　　如果 $\tau_i = 1$，则从种子主题中选择一个词 w_i，$w_i \sim \mathrm{Mult}(\varphi_{z_i}^s)$；

　　　　如果 $\tau_i = 0$，则从结果主题中选择一个词 w_i，$w_i \sim \mathrm{Mult}(\varphi_{z_i}^r)$。

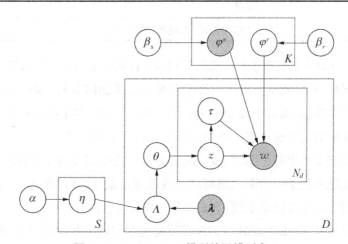

图 2-4　CPSP-LDA 模型的图模型表示

表 2-3　CPSP-LDA 模型中各参数名称的说明

参 数 名	相 关 描 述
D	评论文档总数
N_d	评论文档 d 中的总词数

（续表）

参 数 名	相 关 描 述
K	评论文档的主题总数
S	评论文档的种子主题总数
α	种子主题-结果主题概率分布的先验参数
η	种子主题-结果主题的概率分布
$\boldsymbol{\lambda}$	评论文档中各种子主题的存在/不存在情况,可观测变量
Λ	评论文档-主题概率分布的先验参数
θ	评论文档-主题的概率分布
z	评论文档的主题
β_r	结果主题中各词概率分布的先验参数
β_s	种子主题中各词概率分布的先验参数
φ_r	结果主题-词的概率分布
φ_s	种子主题-词的概率分布,可观测变量
τ	二元变量
w	评论文档中的词,可观测变量

CPSP-LDA 模型描述的文档生成过程：首先确定该文档的长度 N_d，即文档中的总词数；然后随机生成一个长度为 S 的二进制向量 $\boldsymbol{\lambda}_d$，表示该文档中包含哪些种子主题，例如对于表 2-2 中的 3 个种子主题，向量(1，0，1)表示种子主题 1 和 3 中的词出现在该文档，所以 $\boldsymbol{\lambda}_d$ 也是一个可观测变量；之后通过文档-主题分布确定文档中每个词的主题，通过主题-词分布确定每个具体的词。而模型中种子主题和种子词的引入则可以有效改进主题-词分布和文档-主题分布，以引导模型学习某些特定主题，下面将分别进行说明。

对于主题-词分布，CPSP-LDA 模型将每个主题 k 扩展成两部分：种子主题-词分布 φ_k^s 和结果主题-词分布 φ_k^r，由参数 ξ_k 控制每次选种子主题中的种子词还是结果主题中的词，如图 2-5 所示。这里需要注意三点，① 种子主题中的种子词均是人为输入，即先验知识，而结果主题中的词可以是任何词，包括种子词；② 种子主题有 S 个，结果主题有 K 个，种子主题可被复制以与结果主题在数量上一一对应；③ 对于每篇文档，CPSP-LDA 模型会给出 $2K$ 个可选的主题-词分布，但文档最后只会有 K 个主题。

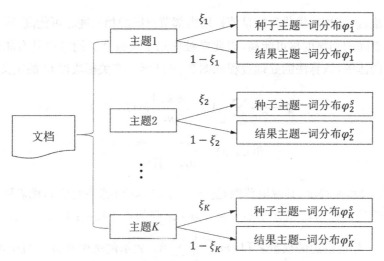

图 2 - 5　CPSP - LDA 模型中主题的扩展

对于文档-主题分布,CPSP - LDA 模型将各种子主题与 K 个结果主题之间也建立了多项分布关系 η_s,因此会依据各文档的 λ_d 将包含相同种子主题的文档聚集起来组成种子群,同一种子群内的各文档会以 Λ_d 的计算结果为先验,进而从相应的 Dirichlet 分布中选取各文档的文档-主题分布 θ_d,这样使得各种子群内文档的文档-主题分布也相互关联。

3) 基于 CPSP - LDA 主题模型的评论主题挖掘与评论筛选

具体应用该模型对评论主题进行挖掘与评论筛选时,首先需要根据 CPSP - LDA 模型文档生成算法和依据客户-产品服务画像确定的种子主题和种子词对该评论文档语料库进行文档表示,其中模型的先验参数 α 和 β 根据现有文献给出的经验值确定,最优主题数 K 由计算模型困惑度的实验方法确定,困惑度越小,模型的泛化能力越强,因此困惑度最小的主题数 K 即为最优主题数。之后,根据 CPSP - LDA 模型的已有参数,利用 Gibbs 采样对未知参数进行估计,其中采样的迭代次数由实验观察确定,根据采样结果的平均值得出文档-主题分布 θ 和结果主题-词分布 φ_r,进而筛选出与产品服务相关的结果主题-词分布和评论文档。

2.2.3　基于 ICR - Louvain 算法的产品服务关键词共现关系网络的社区划分

Louvain 算法[33]是由 Blondel 等人在 2008 年提出的一种基于模块度的社区

发现算法,该算法的优化目标是使社区内部节点间的相似度尽可能高,同时社区外部节点间的相异度尽可能高,因此常被应用于挖掘社交网络中具有相似爱好的兴趣团体等,该算法的处理过程如图 2-6 所示。有关模块度 Q 的定义如下:

$$Q = \frac{1}{2m} \sum_{i,j} \left[A_{ij} - \frac{k_i k_j}{2m} \right] \delta(C_i, C_j)$$

$$\delta(u, v) = \begin{cases} 1, & u = v \\ 0, & \text{其他} \end{cases} \tag{2-1}$$

其中,Q 表示模块度,其取值范围是 $[-0.5, 1)$,Q 值越接近于 1,则表明该社区划分的质量越好;A_{ij} 表示节点 i 和节点 j 之间的连边权重;$k_i(k_j)$ 表示所有与节点 $i(j)$ 相连的边的权重之和;$m = \frac{1}{2} \sum_{i,j} A_{ij}$ 表示网络中所有边的权重之和;C_i 和 C_j 分别表示节点 i 和 j 所属的社区,当节点 i 和 j 属于同一社区时,则有 $C_i = C_j$,$\delta(C_i, C_j) = 1$,反之则 $\delta(C_i, C_j) = 0$。

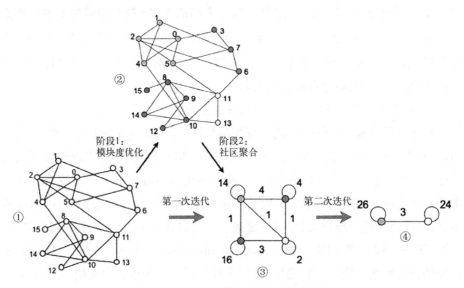

图 2-6 Louvain 算法处理过程示意图

然而,现有研究在使用 Louvain 算法时,大多是通过简单统计两节点共现次数的方式来确定节点间的连边权重。但是本章特别考虑到在线评论平台中,客户还可以对他人已发布的评论进行转发、点赞、留言等操作,而转发量、点赞量、留言互动量、点击量、阅读量等这些特征数据能很好地反映出该条评论的影响力,例如获赞 200 的评论和获赞 20 的评论,说明前者的评论内容相较于后者更能引起其他客户的共鸣和赞同,所以相应地,需要更加重视获赞 200 的评论中的产品服务关键词的共现情况。因此本章提出了一种基于评论影响力特征(ICR)的方法来综合确定产品服务关键词之间的连边权重,并以此输入 Louvain 算法进行运算,这样能使最终的社区划分结果更科学有效。其具体步骤如下。

假设共筛选出 J 条产品服务评论文档,其中共包含 T 个产品服务关键词 $w_t(t=1, 2, \cdots, T)$,那么每个产品服务关键词即为一个节点,若两个产品服务关键词在同一条评论中共现过,则称其为一个词共现对,并在两个节点间构建一条边,其连边权重 r_{mn} 的计算公式如下:

$$r_{mn} = \sum_{j=1}^{J} (\omega_1 \times c_{1j} + \omega_2 \times c_{2j} + \cdots + \omega_l \times c_{lj}) \times cad_{mn}^{j}$$

$$cad_{mn}^{j} = \begin{cases} 1, & \text{当第 } j \text{ 条评论中包含 } mn \text{ 词共现对时} \\ 0, & \text{当第 } j \text{ 条评论中不包含 } mn \text{ 词共现对时} \end{cases} \qquad (2-2)$$

$$\omega_l = \frac{n_l}{n_1 + n_2 + \cdots + n_l}$$

其中,$r_{mn}(m=1, 2, \cdots, T; n=1, 2, \cdots, T; m \neq n)$ 表示第 m 个产品服务关键词与第 n 个产品服务关键词的连边权重;cad_{mn}^{j} 表示第 j 条评论中是否包括 mn 词共现对,若包含则取值为 1,若不包含则取值为 0;ω_1,ω_2,$\cdots$,ω_l 表示所选取的衡量评论影响力的特征要素的权重,且 $\omega_1 + \omega_2 + \cdots + \omega_l = 1$,各权重值需要根据具体在线评论平台中各特征要素的统计总量的占比情况来确定,例如针对某在线评论平台,选取了转发量、点赞量和留言互动量这 3 个特征要素衡量评论影响力,通过统计,该平台所有评论下的转发总量为 3 500、点赞总量为 8 000、留言互动总量为 1 500,则这 3 个特征要素的权重分别为 0.270、0.615 和 0.115,具体计算过程如式(2-3)所示;c_{lj} 表示评论 j 在特征要素 l 上的特征数据值,例如第 3 条评论下的点赞量为 68,则 $c_{23} = 68$。

$$\omega_1 = \frac{3\,500}{3\,500 + 8\,000 + 1\,500} = 0.270$$

$$\omega_2 = \frac{8\,000}{3\,500 + 8\,000 + 1\,500} = 0.615$$

$$\omega_3 = \frac{1\,500}{3\,500 + 8\,000 + 1\,500} = 0.115 \qquad (2-3)$$

经过上述计算后,便可得到如下的产品服务关键词共现关系网络矩阵 $\boldsymbol{R}$:

$$\boldsymbol{R} = \begin{bmatrix} r_{11} & r_{12} & \cdots & r_{1T} \\ r_{21} & r_{22} & \cdots & r_{2T} \\ \vdots & \vdots & & \vdots \\ r_{T1} & r_{T2} & \cdots & r_{TT} \end{bmatrix} \qquad (2-4)$$

其中，$r_{mn}(m \neq n)$ 为第 m 个产品服务关键词与第 n 个产品服务关键词的共现连边权重，且 $r_{mn} = r_{nm}$；而矩阵对角线上的值 r_{mm} 为第 m 个产品服务关键词在产品服务评论文档集中总共出现的频次数。

之后，将该产品服务关键词共现关系计算结果作为输入数据，按照如算法2-3所示的Louvain算法具体步骤，对产品服务关键词共现关系网络进行社区发现与划分。

算法2-3 Louvain算法

(1) 将每个原始节点初始化为一个独立的社区；

(2) 针对每个节点，遍历该节点的所有邻居节点，计算选择能使其社区的模块度增益（$\Delta Q > 0$）最大的邻居节点加入其社区；

(3) 将每个新生成的社区折叠为单个"社区点"，重复步骤(2)，直至没有 $\Delta Q > 0$ 出现，则表示整个网络中所有节点的所属社区都不会再发生变化，于是停止迭代。

其中有关模块度增益 ΔQ 的定义[10]如下式所示：

$$\Delta Q = \left[\frac{\sum_{\text{in}} + 2k_{i,\text{in}}}{2m} - \left(\frac{\sum_{\text{tot}} + k_i}{2m} \right)^2 \right] - \left[\frac{\sum_{\text{in}}}{2m} - \left(\frac{\sum_{\text{tot}}}{2m} \right)^2 - \left(\frac{k_i}{2m} \right)^2 \right]$$

$$= \frac{\sum_{\text{in}} + 2k_{i,\text{in}}}{2m} - \frac{\sum_{\text{tot}}^2 + k_i^2 + 2\sum_{\text{tot}} \times k_i}{(2m)^2} - \frac{\sum_{\text{in}}}{2m} + \left(\frac{\sum_{\text{tot}}}{2m} \right)^2 - \left(\frac{k_i}{2m} \right)^2$$

$$= \frac{2k_{i,\text{in}}}{2m} - \frac{2\sum_{\text{tot}} \times k_i}{(2m)^2} \qquad (2-5)$$

其中，$k_{i,\text{in}}$ 表示同一社区 C 内由节点 i 到其他节点的连边权重之和；$\sum_{\text{in}}$ 表示社区 C 内的所有连边权重之和；$\sum_{\text{tot}}$ 表示整个网络中所有与社区 C 内节点相连的边的权重之和。因此式(2-5)的前半部分表示将节点 i 加入社区 C 之后社区 C 的模块度；后半部分表示在加入节点 i 之前，社区 C 和节点 i 各自作为一个单独的社区时，二者的模块度之和。

2.2.4　产品服务共性需求和个性需求的导出

经过上述计算处理后,这些产品服务关键词依据在客户评论中的共现情况和讨论热度,被聚集和划分成一个个社区,反映了不同客户间的共性关注点和个性关注点。接着利用 Gephi 软件对 Louvain 算法的分析结果进行可视化呈现,图中各节点的大小由各产品服务关键词在产品服务评论文档集中出现的频次数,即式(2-4)中的 r_{mm} 来决定,节点越大表示该词被提及的频次越多。节点间连边的粗细程度由连边权重 r_{mm} 来决定,连边越粗表示该连边的权重越大。颜色相同的节点表示属于同一社区。

因为产品服务共性需求是指大部分客户对于产品服务都会存在的诉求,所以反映在评论文档集中,共性需求所涉及的产品服务关键词会被大部分客户提及。因此反映在可视化结果图中,节点大、连边粗且被划分为同一社区的即可提炼为相应的产品服务共性需求。反之,产品服务个性需求是指不同客户自我表现的个体差异性诉求,因此反映在评论文档集中,个性需求所涉及的产品服务关键词较为杂乱,并且每种只会被小部分客户提及。故反映在可视化结果图中,这些节点所在社区的分布会较分散,且节点不大、连边不粗,由具体的社区划分结果导出相应的产品服务个性需求。

2.2.5　应用案例——基于在线评论的汽车产品服务共性和个性需求识别

1) 案例背景简介

工业技术的高速发展,使产品的功能和质量越来越趋于同质化。在汽车行业,客户购车更趋于个性化,更强调产品使用全生命周期中的服务体验。企业 A 是国内的一家汽车制造企业,生产各类汽车产品,如家用轿车、商用乘务车、房车、运动型多用途汽车(SUV)、新能源电动汽车等。面对日益激烈的市场竞争环境,企业 A 需要优化其为客户提供的产品服务内容,以提高该企业汽车产品的市场竞争力、获得更高的客户满意度,实现业务模式和商业模式创新、增加市场份额。

企业 A 此前主要通过问卷调查和客户访谈的方式收集客户需求,但这样的方式花费时间较长、操作效率较低。随着互联网在线评论平台的不断发展,越来越多的汽车客户会在汽车论坛上分享自己的购车和用车体验,这些海量的评论数据具有非常重要的参考价值,因此企业 A 决定基于在线评论挖掘客户对汽车产品的服务类需求。

2) 实际应用与方法比较分析

在与企业 A 的产品服务设计师和总经理讨论后,决定选取汽车之家、车主之家和中国汽车消费网这 3 个热门的汽车在线评论平台作为数据获取渠道,这3 个平台都是致力于为汽车客户提供选车、买车、用车、换车等全过程一站式信息情报服务,并为客户提供交流互动的在线评论平台,且平台的日活跃用户、评论数量和评论质量都较高。之后基于 Python 语言和 Spyder 开发环境编写网络爬虫程序,从选定的这 3 个平台中分别采集到 6 594 条、5 367 条和 4 377 条在线评论,其中评论的时间跨度为 2019 年 12 月至 2021 年 3 月。经过数据清洗、分词和去停用词的数据预处理操作后,得到了 3 个规范的评论文档语料库,具体结果如表 2-4 所示,这 3 个平台的有效评论文档总数分别为 5 986 条、5 002 条和4 017 条,有效评论文档包含的总词数分别为 199 673 个、123 020 个和 115 786个,非重复、具有实际研究意义的总词数分别为 4 332 个、4 385 个和 4 269 个。

表 2-4 汽车在线评论平台的数据预处理结果

在线评论平台	原始评论总数	数据清洗后的评论总数	分词后的总词数	去停用词后的总词数	非重复的总词数
汽车之家	6 594	5 986	389 065	199 673	4 332
车主之家	5 367	5 002	232 986	123 020	4 385
中国汽车消费网	4 377	4 017	201 105	115 786	4 269

由于评论文档的主题识别结果是导出产品服务需求的决定因素,主题识别效果越好、精确度越高,所导出需求的实用性和预测性才越好。所以下面首先将利用 CPSP-LDA 主题模型和传统 LDA 主题模型分别对这 3 个平台的评论文档语料库进行主题识别,并将识别结果进行对比分析,验证本章所提方法的有效性。这两个模型中的先验参数 α 和 β 均是根据 Griffiths 等[34]研究中给出的经验性取值确定,其中 $\alpha=50/K$,$\beta=0.01$;另外对于 CPSP-LDA 主题模型,输入其中的种子主题和种子词(见表 2-2)。接下来需要确定模型对于不同语料库的最优主题数,以 CPSP-LDA 主题模型为例,图 2-7 展示的是其针对各语料库的主题数-困惑度计算结果,虚线框出的点的横坐标即为最优主题数 K,分别为17、18 和 15。

之后利用 Gibbs 采样对未知参数进行估计,这里取迭代次数为 1 000,得出文档-主题分布 θ 和结果主题-词分布 φ_r,图 2-8 和表 2-5 展示了基于 CPSP-

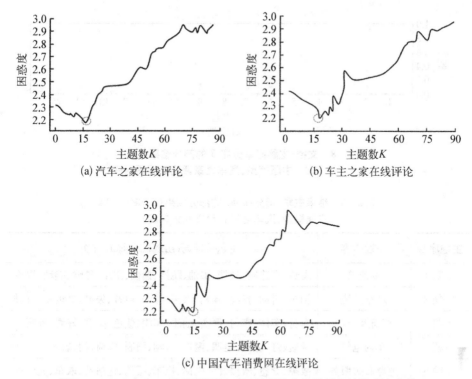

图 2-7 CPSP-LDA 主题模型针对不同评论文档语料库的困惑度曲线

LDA 主题模型处理汽车之家评论文档语料库的部分输出结果,通过观察表 2-5 中的关键词可以发现,17 个主题中与汽车产品服务相关的主题只有 8 个,分别是主题 5、6、8、10、11、12、13 和 17。

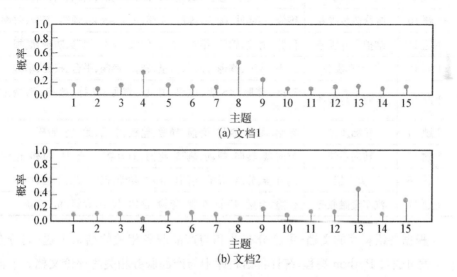

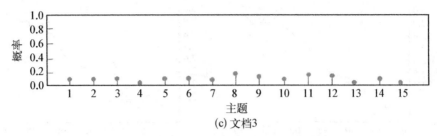

(c) 文档3

图 2-8　文档-主题概率分布 θ 的部分结果(CPSP-LDA 主题模型,汽车之家评论文档语料库)

表 2-5　结果主题-词分布 φ_r 的部分结果(CPSP-LDA 主题模型,汽车之家评论文档语料库)

主题序号	主题内容	主题关键词(出现概率前 10 个)
主题 1	变速箱	发热、变速箱、换挡、渗油、跳挡、挡位、困难、异响、响动、温度
主题 2	刹车系统	刹车、抖动、打滑、异响、噪声、滑动、声音、失灵、灵敏度、行驶
主题 3	车身及外观	车身、车体、密封、严实、油漆、车漆、颜色、亮度、好看、外观
主题 4	车内电气	导航、灯、电瓶、空调、窗户、音响、雨刷、座椅、门、影音
主题 5	道路救援服务	故障、紧急、救援、路、电话、拖车、报销、住宿费、取车、充电桩
主题 6	新车购买服务	买车、选型、试驾、态度、价格、等待、三包、销售、提车、上门
主题 7	传动和悬挂	避震器、传动、悬挂、轴承、轴、分离、彻底、减震、问题、稳定
主题 8	会员服务	会员、礼品、优惠、积分、查询、兑换、俱乐部、车主、培训、赠品
主题 9	发动机	发动机、安全、怠速、稳、点火、油、烧机油、油耗、响、质量
主题 10	维修改装服务	维修、零部件、配件、等待、库存、加装、改装、预约、安全、效率
主题 11	维护保养服务	保养、清洗、轮胎、维护、杀菌、健康、检查、消毒、防护、磨损
主题 12	二手车服务	二手、认证、修理、原厂、公里、转让、换购、平台、报废、里程
主题 13	客服支持服务	态度、客服、4S 店、电话、中心、意见、支持、效率、消费欺诈、差
主题 14	轮胎质量	轮胎、爆裂、鼓包、磨损、异常、轮毂、电话、胎、响、胎压
主题 15	转向系统	方向盘、转向、抖动、偏移、跑偏、助力泵、锁死、柱、位移、进程
主题 16	离合器	离合器、分离、异响、磨损、异常、联动、彻底、踩、上挡、挡
主题 17	汽车金融服务	保险、金融、基金、车牌、年检、预约、代拍、存钱、租、换新

　　根据各语料库的文档-主题分布 θ 和与产品服务相关的结果主题-词分布 φ_r,就可通过 Python 编程,统计各语料库中与产品服务相关的评论文档。下面

依据表 2 - 6,利用精确率、召回率和 F_1 度量值分别对 CPSP - LDA 主题模型和传统 LDA 主题模型在有关产品服务的评论的识别效果上进行评估,相关公式如式(2 - 6)至式(2 - 9)所示。

表 2 - 6　模型评估指标混淆矩阵

	有关产品服务的评论	无关产品服务的评论
(识别)有关产品服务的评论	TP(真正例)	FP(假正例)
(识别)无关产品服务的评论	FN(假反例)	TN(真反例)

(1) 精确率(Precision):是指所有被识别为有关产品服务的评论样本(即 TP+FP)中,真正与产品服务相关的评论(即 TP)所占的比例,精确率用于判断模型对此类样本的查找是否准确,具体公式为:

$$\text{Precision(有关产品服务的评论)} = \frac{\text{TP}}{\text{TP} + \text{FP}} \tag{2-6}$$

(2) 召回率(Recall):是指真正与产品服务相关的评论(即 TP+FN)中,识别结果正确的评论(即 TP)所占的比例,召回率用于判断模型对此类样本的查找是否全面,具体公式为:

$$\text{Recall(有关产品服务的评论)} = \frac{\text{TP}}{\text{TP} + \text{FN}} \tag{2-7}$$

(3) F 值(F - measure):是对有关产品服务的评论的识别结果的精确率和召回率进行综合判断的指标,以使模型对产品服务相关评论样本的识别能力的评价尽可能客观准确,具体计算公式如式(2 - 8)所示。其中特别地,当 $\beta = 1$ 时,F_1 - score 表示精确率和召回率的调和平均值,具体公式如式(2 - 9)所示。

$$F - \text{measure(有关产品服务的评论)} = \frac{(1 + \beta^2) \times \text{Precision} \times \text{Recall}}{\text{Precision} + \text{Recall}}$$

$$\tag{2-8}$$

$$F_1 - \text{score(有关产品服务的评论)} = \frac{2 \times \text{Precision} \times \text{Recall}}{\text{Precision} + \text{Recall}} \tag{2-9}$$

识别效果的评估结果如表 2 - 7 所示,结果显示,对于 3 个评论文档语料库,CPSP - LDA 主题模型均比 LDA 主题模型在识别产品服务评论上的效果更好,因此验证了本章所提方法的有效性和通用性。

表 2-7　有关产品服务的评论的识别效果评估结果

评论文档语料库	CPSP-LDA 主题模型			LDA 主题模型		
	精确率	召回率	F_1 度量	精确率	召回率	F_1 度量
汽车之家	0.781	0.796	0.788	0.612	0.593	0.602
车主之家	0.759	0.772	0.765	0.663	0.641	0.652
中国汽车消费网	0.807	0.813	0.810	0.643	0.635	0.639

最后,关于汽车产品服务共性需求和个性需求的导出,下面以 CPSP-LDA 主题模型对汽车之家评论文档语料库识别出的有关产品服务的 2 753 条评论文档和 8 个结果主题-词分布为例进行阐述。

由于汽车之家在线评论平台只公开了评论下的转发量、点赞量和留言互动量数据,因此这里选取这 3 方面作为衡量评论影响力的特征要素,通过统计和计算,这 3 个特征要素的权重分别取 0.213、0.538 和 0.249。接着基于 ICR-Louvain 算法对产品服务关键词的共现关系网络进行社区划分,最后利用 Gephi 软件对该分析结果进行可视化呈现,结果如图 2-9 所示,图中各节点表示文档

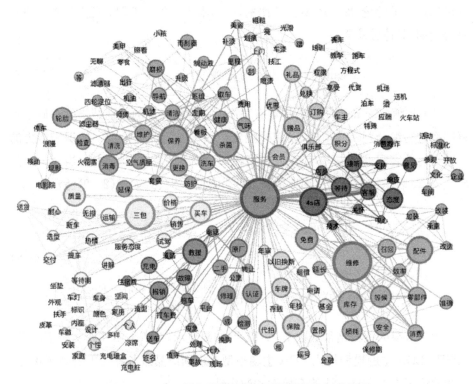

图 2-9　产品服务关键词共现网络的社区划分结果

中的词,灰度相同的节点表示属于同一社区,节点的大小表示该词出现的频次,节点越大即出现频次越多,节点之间的连边表示词与词之间存在共现关系,连边越粗即共现权重越大。

　　基于图 2-9,最终识别提取出客户对汽车产品服务的共性需求和个性需求分别如表 2-8 和表 2-9 所示,共有 47 个共性需求和 17 个个性需求,该需求识别结果涵盖了汽车客户在售前、售中、售后以及重购阶段的最新真实需要,能为汽车产品服务模块化提供更加科学有力和有针对性的信息支持,帮助企业针对不同的客户群体设计和配置相应的产品服务方案,丰富和优化企业的产品服务体系,进而提高汽车客户的满意度和忠诚度。

表 2-8　客户对汽车产品服务的共性需求

需求类别	需　　　求
新车购买服务	热情、专业且耐心的汽车选型指导服务
	汽车试驾服务
	上门取送车服务
	取送车安全保障服务
	新车质量保证服务
	新车使用培训服务
汽车互联网服务	汽车车联网免费 5G 流量服务
	手机 App 遥控汽车服务(如锁车门、上车前提前开启车内空调等)
	手机 App 在线预约服务项目(如汽车维修、维护保养、积分兑换等)
	手机 App 预约项目的进展状态实时更新服务
汽车维护保养服务	定期的汽车系统升级服务(如导航系统等)
	汽车基础清洗服务
	汽车全面检查服务
	整车杀菌消毒服务
	易磨损件(如轮胎、雨刮器、火花塞等)的定期检查更换服务
	配件(如滤尘器、空气滤清器等)的定期检查更换服务
	四轮定位服务
	汽车维护保养期间的出行费用报销服务
	维护保养后的取送车服务

(续表)

需求类别	需求
汽车维修服务	延长保修期服务
	易损耗件的免费维修服务
	汽车维修效率高、质量安全可靠
	原厂零部件库存充足
	汽车维修或召回期间的出行费用报销服务
	维修后的取送车服务
道路救援服务	汽车故障救援服务
	拖车服务
	电动车应急充电服务
	故障处理期间的住宿、交通费用报销服务
	故障处理完毕后的取送车服务
汽车金融服务	汽车置换服务
	汽车租赁服务
	汽车保险服务
	汽车车牌代拍服务
	车辆年检预约服务
会员服务	购车礼赠服务
	积分查询服务
	积分兑换服务
	车主俱乐部服务
	不定期的车主专享优惠活动
	新车优先订购服务
二手车服务	二手车检测及认证服务
	二手车原厂返修保养服务
	二手车销售/换购支持服务
客户支持服务	客户意见处理中心
	客服响应快速且效率高
	客服服务专业且态度好

表 2 - 9 客户对汽车产品服务的个性需求

需求类别	需 求
新车购买服务	汽车加印客户个性化签名服务
	汽车加装个性化车徽服务
	汽车车身外观造型定制服务(如车身颜色、车身线条造型等)
	汽车车内空间设计定制服务(如内座的样式、材质、颜色等)
	家用充电桩、充电墙盒的安装服务
汽车维护保养服务	汽车美容和补喷漆服务
	上门洗车服务
汽车维修服务	汽车改装/加装服务
	上门维修服务
道路救援服务	重大事故现场代客值守服务
汽车金融服务	汽车改装基金服务
会员服务	赛车驾驶培训服务
	酒后代驾服务
	汽车电影院服务
	汽车企业参观活动服务
	机场、火车站代取车停车服务
	汽车4S店、服务中心等待时的美甲服务

2.3 基于客户活动周期模型的产品服务需求识别

工业产品是指制造企业所生产的,满足其他工商企业、政府机构或事业单位特定用途的产品,如空压机、工程机械、载货/客电梯等。工业产品与其他面向大众的常规使用产品不同,其产品服务需求更具复杂性和专业性,并且由于服务本身的难以量化性和无形性等特征,再加上产品服务设计者以及决策者不同的主观经验判断,会导致整个需求识别过程存在更大的模糊性。因此,在对工业产品服务进行设计前,需建立一套行之有效的需求识别流程,这样既能帮助服务设计商把握和理解客户需求,还能提高设计效率,减少因"伪需求"导致的设计方向失误、资金资源浪费等问题。

基于工业客户活动周期模型的工业产品服务的客户需求识别流程如图 2 - 10 所示,该方法的核心思想是:通过对客户使用工业产品的相关活动周期进行分析,以识别出不同相关利益主体影响下各个阶段的客户活动和价值,进而导出不同产品使用周期阶段中客户的工业产品服务需求,最后,经过分解、合并、简化等处理后,构建出客户的工业产品服务需求层次结构。

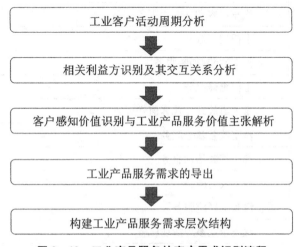

图 2 - 10 工业产品服务的客户需求识别流程

2.3.1 工业产品服务需求的特点

一般来说,工业产品服务的客户需求具有以下特点。

1) 涉及产品生命周期的多个阶段和多个相关利益方,需求种类多样

工业产品服务需求可能来自不同的生命周期阶段,例如:产品购买阶段的物流配送需求、产品交付阶段的安装调试指导需求、产品使用阶段的维护保养需求等。在产品生命周期阶段的各阶段,还可能涉及多个相关利益主体,例如:最终客户、备品备件供应商、采购工程师、产品操作人员、工业产品服务提供商、公司法务人员等,这些相关利益主体之间均存在需求差异。此外,不同客户对需求的描述形式也有所不同,有的使用自然语言,有的使用数字、符号等。这些因素都造成了工业产品服务需求种类的多样性。

2) 需求较零散、不易发现

工业产品服务主要面向工业客户提供的交付物,涉及的相关利益方较多,包

括产品购买者、产品使用者、产品管理人员等。各类客户往往从自身利益出发提出需求,缺少系统性和层次性,这就势必会导致所收集的工业产品服务需求零散无序。此外,大多相关利益方对自身需求进行完整、清晰表述的能力有限,从而导致他们的需求不易被发现,影响后续的设计进程。

3) 需求的模糊性和主观性较强

工业产品服务的客户中,由于不同相关利益方所具有的知识经验程度不等,因此客户在对需求进行表达和评价时,往往会使用主观、模糊的语言,有时甚至不清楚自己真正想要的是什么。例如:"我认为这个服务是比较重要""如果能增设这类服务就更好了""目前很多公司都为客户提供了该项服务,所以我认为贵公司也应该跟上行业潮流"等,这些都将在一定程度上影响最终的工业产品服务需求的优先级排序。

此外,由于工业产品服务本身的特殊属性,客户描述的需求大部分情况下是不明确的、不具体的,例如:"目前我对这项服务没有明确的看法和实质性的意见,需要后续在实际应用中才能有所体会""大家都说好,所以我也觉得提供这项服务是好的"等,这也会影响需求分析结果的准确性。

4) 需求的相似性和差异性并存

不同类型的工业客户会提出相似的服务需求,即使相同的客户在不同的产品生命周期阶段也会存在相似的需求。例如:不管是在产品的售前咨询阶段,还是交付安装阶段,或是使用阶段,都需要有客服等专业人员提供相应的说明、指导和技术支持。

千人千面,除了相似性以外,工业产品服务的客户需求之间也存在差异性,各个需求的重要程度是不一样的。例如:对于大型工业产品的使用者来说,产品的"安全稳定运行""拆装维修及时方便"肯定要比"物流运输快""产品性价比高"等需求更重要,毕竟"安全无小事,人命大于天",因此对于产品服务设计师而言,重要的需求应该首先被满足,且在设计过程中,应尽量对这些需求花费较多的心思、给予更多的关注。

2.3.2　工业客户活动周期分析模型(I - CAC)

与传统的产品设计思维不同,工业产品服务的价值主要体现在客户使用产品完成其生产任务的活动中。为了便于客户更好地使用工业产品,客户使用产品前的活动(如安装、调试)、使用中的活动(如运行使用)和使用后的活动(如升级改造)都应该成为分析的对象。因此为了系统有效地识别出工业客户的潜在需求和价

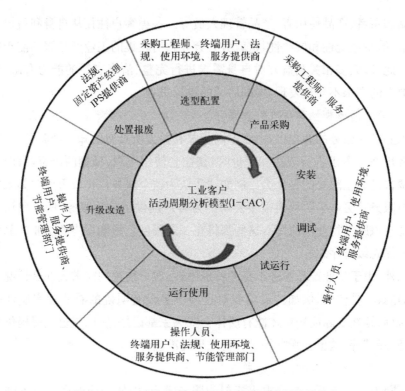

图 2 - 11 工业客户活动周期分析模型及相关利益方

值,这里我们提出一个需求识别模型——I-CAC 模型,如图 2-11 所示。

I-CAC 模型包括工业客户使用产品的各种相关活动。其中:① 产品使用前的活动,指在获取工业产品之前所需要的各类辅助活动;② 产品使用中的活动,指客户在使用产品实现其核心需求和价值期间所发生的活动;③ 产品使用后的活动,指长期使用产品后客户所采取的活动或措施。每一类活动中都包含几项关键的子活动。正如图 2-11 中间环状部分所示,在使用工业产品之前,首先客户会进行产品的选型配置,以便满足其特殊的生产需求,这将决定客户工厂的生产效率。其次,产品采购包括谈判、设备配送、验收和支付等活动。在采购之后,产品的安装、调试和试运行活动对于产品快速、可靠地启动运行是非常必要的。在工业产品使用期间,产品运行效率和运行数据信息的收集,往往是服务提供商和客户所关注的重点。为了提升工业产品运行效率,降低产品的生命周期成本,维护、维修和大修(maintenance, repair and overhaul, MRO)经常是此阶段的主要内容,它们往往涉及产品的拆装、诊断、备品备件供应等活动。在工业产品使用之后的阶段,产品的升级改造、处置报废往往涉及产品的分拆、残值评价、更新、回收等一系列活动。

在实际运用中,各个阶段的相关活动可以根据实际情景和需要进行删减。工业客户活动周期分析模型可以帮助服务提供商识别客户现有或潜在的服务需求。基于生命周期的思维,I-CAC 模型提供了一个更为广泛的、系统的方式帮助制造商探索价值链上潜在的服务机会。只有将产品服务放在客户活动周期的情境下考虑时,才能真正地理解其所能带来的效益、成本或环境影响。

2.3.3 相关利益方识别及其交互关系分析

相关利益方是指在工业客户活动周期中受客户活动的影响或者对客户活动施加影响的主体。相关利益方的识别及其关系分析是顺利导出服务需求的前提。

首先,识别出工业客户活动周期中不同的相关利益方(直接或间接的),以便服务设计师导出其共同的价值需求。相关利益方可以来自组织内部,也可以来自组织外部。在产品使用前、中、后各个阶段均会涉及不同的相关利益方,这些相关利益方包括终端用户、采购工程师、产品操作人员、工业产品服务提供商、相关法律法规等,如图 2-11 中的外部圆环所示。

这些相关利益方在不同的客户活动周期阶段,起着不同的作用。例如:终端用户在工业产品的选型配置过程中,主要提出他们对产品的具体配置要求;而在工业产品的运行阶段,他们是产品运行功能或结果的主要接受者和评价者。在这里,产品的使用环境、法律法规等约束也被看作一种特殊的相关利益方。例如,对空气压缩机而言,温度、湿度等环境因素直接影响到最终获得的压缩空气品质,所以在空压机安装运行环境的选择上,设计师应该考虑客户的产品安装咨询服务需求。

其次,识别各相关利益方之间的交互关系,这是因为客户需求及其价值的实现需要这些相关利益方共同协作完成。相关利益方之间的交互关系主要包括信息交互、知识传递、产品传递、技术传递、备品备件传递等,具体见图 2-12。

如图 2-13 所示是工业产品智能服务系统中利益相关方的交互关系示例,其他的工业产品服务中相关利益方的交互关系亦可利用这种图形化的方式进行梳理。在该工业产品智能服务系统利益相关交互图中,垂直虚线表示各个参与者或参与组织的生命线,生命线上的小方块代表其激活状态,利益相关方之间的箭头连线表示他们的交互关系,而箭头连线中显示的内容代表彼此之间的交互对象或服务过程。例如,智能产品制造商和客户之间基于智能组件形成交互关

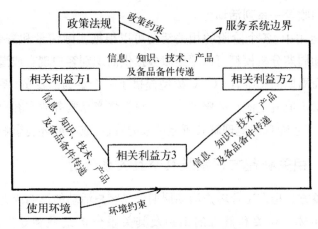

图 2-12　相关利益方之间的交互关系

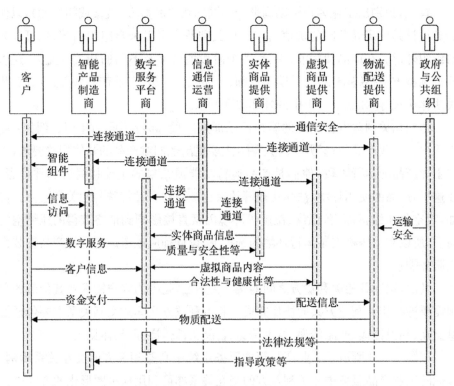

图 2-13　工业产品智能服务系统中利益相关方的交互关系示例

系;数字服务平台商和客户之间有数字服务交互;信息通信运营商通过连接通道与其他利益相关方实时地保持连接;为在线网络服务提供保证,物流配送提供商不仅与客户之间产生物质配送服务交互,还与实体商品提供商之间进行配送信息互通等。基于此,不但可以相对有序地呈现出工业产品智能服务系统利益相关方的价值合作网络,随着利益相关方生态系统扩大和他们之间产品与服务等范围或内容扩展,还能够不断地增加和丰富工业产品智能服务系统交互关系,使得可通过交互式价值共创方式提升工业产品智能服务系统的生命力和客户使用体验,从而扩大企业的价值增长空间。

2.3.4　客户感知价值和工业产品服务价值主张解析

客户价值主要是指公司认为自己的产品与服务能为客户提供的价值,例如"电梯及相关设备快速启用"。而客户感知价值往往是基于客户的主观认知或特定评价,例如"电梯及相关设备非常易学易操作"。通过对客户感知价值做进一步解析,可以获得工业产品服务自身客观的价值主张(value propositions,VP),即工业产品服务在市场中的卖点和优势。同样以工业产品智能服务系统为例,图 2-14 展示了基于客户感知价值建立的一个工业产品智能服务系统的价值主张体系,表 2-10 给出了工业产品智能服务系统价值主张的具体描述。

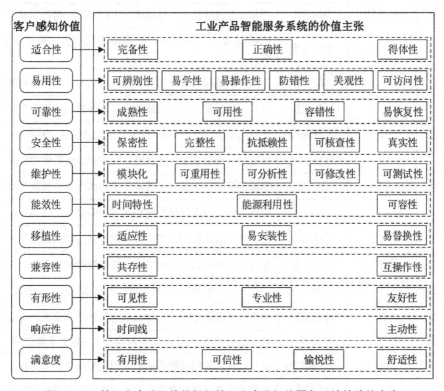

图 2-14　基于客户感知价值解析的工业产品智能服务系统的价值主张

表 2-10 工业产品智能服务系统的价值主张描述

编号	客户感知价值	价值主张	描述
1	适合性	完备性	满足客户具体任务要求及客户所预期达到目标的程度
2		正确性	依据所要达到的精确度而为客户提供正确结果的程度
3		得体性	产品或服务能有力地促进完成客户任务或目标的程度
4	易用性	可辨别性	客户能够清楚识别产品或服务是否适合其需求的程度
5		易学性	客户能够有效、无风险和满意地使用产品或服务的程度
6		易操作性	客户能够比较容易操作和控制产品或服务属性的程度
7		防错性	系统组件使客户识别错误并防止实施不当操作的程度
8		美观性	操作界面促使客户能够高兴和满足地进行交互的程度
9		可访问性	产品或服务被有最普遍特性和能力的客户使用的程度
10	可靠性	成熟性	产品或服务在正常运行情况下满足可靠性要求的程度
11		可用性	产品或服务组件在需要时可以被操作和能介入的程度
12		容错性	产品或服务组件存在故障状况下仍按预期运行的程度
13		易恢复性	中断、故障发生不影响产品或服务恢复到原来状态的程度
14	安全性	保密性	产品或系统确保数据只能被授权访问的人访问的程度
15		完整性	防止未经授权而访问或修改产品或服务的数据的程度
16		抗抵赖性	证明已发生事件的程度,以便之后无法否认这些事件
17		可核查性	对实体的行为或操作能够唯一地查找到该实体的程度
18		真实性	能够证明某一主题或资源身份是其所声称身份的程度
19	维护性	模块化	对各个独立的离散组件的更改而影响其他组件的程度
20		可重用性	同一个要素能够用于多个系统或构建其他组件的程度
21		可分析性	能评估组件缺陷或故障影响系统有效性和效率的程度
22		可修改性	不引入缺陷的情况下,对组件进行有效的改进的程度
23		可测试性	为产品或服务组件建立测试标准有效性和效率的程度
24	能效性	时间特性	执行功能的响应、处理时间和吞吐率满足要求的程度
25		能源利用性	执行功能所使用的资源的数量和类型满足需求的程度
26		可容性	产品或服务组件的参数能够最大限度满足要求的程度

（续表）

编号	客户感知价值	价值主张	描　述
27	移植性	适应性	有效地适应不同或不断发展的操作或使用环境的程度
28		易安装性	成功地安装或卸载产品或系统的有效性和效率的程度
29		易替换性	不同系统组件可以相互替换而达到相同目的的程度
30	兼容性	共存性	共享公共资源时,对其他组件不造成不利影响的程度
31		互操作性	多个系统组件能交换信息并使用已交换的信息的程度
32	有形性	可见性	对于如何交付和交付过程中完成目标的洞察力的程度
33		专业性	服务是基于良好教育、技能、专业知识和资格的程度
34		友好性	人机交互系统界面中可视化组件能够理解客户的程度
35	响应性	时间线	服务在规定的时间限制范围内可以交付的结果的程度
36		主动性	按客户环境变化,提前推送或提高产品或服务的程度
37	满意度	有用性	对其所感知到的实现实用目标的结果或后果的满意程度
38		可信性	对产品、服务或系统将按照预期运行所抱信心的程度
39		愉悦性	在通过产品或服务而满足个人需求中所得到快乐的程度
40		舒适性	产品或服务所带来的对身体或精神上舒适的满意程度

2.3.5　工业产品服务需求的导出

满足客户需求是实现工业产品服务价值主张的前提,因此,当识别出客户的感知价值和工业产品服务价值主张之后,就可以分阶段确定相关利益方围绕这些价值实现而产生的一些需求。这里可以使用的需求收集方法有访谈、焦点小组、头脑风暴、用例、核查表及问卷等。

工业产品各阶段的客户服务需求导出示例如下:在工业产品的安装、调试和试运行阶段,由于大多工业产品往往是比较复杂、自动化程度较高的设备,对缺乏产品知识的客户来说,工业产品的快速启用是其关注的核心价值。因此,为了实现这一价值,往往需要安排专业人员负责安装,并协助调整工业产品及相关设备的相关参数。此外,操作、维护培训可以让客户迅速熟悉产品的使用。因此,由"工业产品快速启用"这一价值可以导出"专业的安装、调试和试运行"需求和"操作、维护培训"需求,具体如图 2-15 所示。

在工业产品的选型配置阶段,客户没有能力或者不想在自己的非专业领域

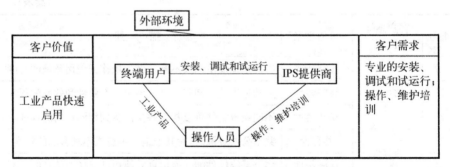

图 2-15 工业产品安装、调试和试运行阶段的客户需求导出示例

内耗费太多精力,因此客户期望可以在售前得到针对性的设备选型配置指导服务,从而在决定购置设备与否、如何选型及配置等方面有一定的决策参考,同时也可以节省大量时间。此外,因为个性化的设备选型配置是在深入了解客户业务基础上实现的,所以往往可以提升客户的满意度。在本阶段,客户主要关注的是产品服务提供商能否提供满足其业务需求的个性化解决方案,例如产品的主要功能、辅助功能、性能参数、使用寿命和可靠性等。另外,相关法律法规(如噪声、气体排放)和使用环境(温度、湿度、使用空间限制)及设备的品牌档次也常会在此阶段被纳入考虑范围。

在工业产品的采购阶段,客户的需求主要包括产品价格(可承受的价格水平和客户购买力)、产品交付服务、支付方式及其他特殊需求等。产品交付服务主要包括产品交付时的包装及交付方式(如交付的时间、地点及物流要求等);支付方式包括分期支付、一次性支付等;其他特殊需求包括质保期及客户因其实际生产活动提出的一些附加要求。

在工业产品的安装、调试、试运行阶段,客户的价值主要体现在"快速启动使用设备",以便发现可能或潜在的问题。因此,本阶段的需求体现在专业的安装、参数调试、试运行和技术指导培训等方面。

在工业产品的实际运行使用阶段,客户主要关注产品在使用预期时间内能否正常发挥功能并保证运行的安全性和可靠性,因此该阶段的客户需求包括设备维修需求、设备保养需求、备品备件需求、安全防护需求和节能降耗需求等。设备维修需求是客户针对实际故障发生的原因和状态,所提出的维修方式、维修时间和地点等方面的要求;设备保养需求是客户根据设备的实际运行状态提出保养的方式(如合作保养、合约保养)、保养时间等方面的要求;备品备件需求包括备件的价格、响应时间、质量等;安全防护需求包括设备安全和操作安全;节能降耗需求包括设备运行耗电量及其他能耗需求。

在工业产品的升级改造阶段,设备往往已经运行了较长的一段时间,无论在性能还是效率上都较刚购置时有所下降,为了提升设备的使用效率或者满足后期工业客户的新的业务需求,需要对设备进行升级翻新,如核心部件的大修、更换、运行状态的优化等。

在工业产品的处置报废阶段,工业客户主要关注设备报废决策(如报废方式和时间),回收方式是否环保、便捷等。

表 2-11 总结了工业客户活动周期各阶段中客户对产品服务的典型需求。

表 2-11 工业客户活动周期各阶段中客户对产品服务的典型需求

工业客户活动周期阶段	典 型 需 求
选型配置	个性化的设备选型配置咨询与建议
设备采购	购机及配套成本低、送货需求(包装、物流等)、付款方式需求和合同需求等
安装、调试、试运行	专业的安装、参数调试、试运行和技术指导培训
运行使用	维护便捷、保养便利专业、服务响应及时、备品备件需求、安全防护和节能需求、环境影响低(如震动、噪声小)
升级改造	部件大修、部件更换、系统改造、设备升级
处置报废	设备报废管理辅助决策,回收方式环保、便捷

2.3.6 工业产品服务需求层次结构的构建

通过工业客户活动周期分析获取的客户需求信息通常是以客户自身的感性认识为依据的模糊描述,一般存在如下两类问题:

(1) 客户对其需求的描述冗长且不规范,导致需求项无序、条理不清、存在大量冗余;

(2) 不同客户在需求表达方式和表达习惯上会有所不同,进而导致需求项的描述缺乏一致性。

这些缺陷容易导致客户的真实需求不能及时、正确地被服务设计师所理解和利用。因此,需要将无序的客户需求以简明一致、层次清晰、易于理解的结构形式和描述方法表示出来。这里我们提出一种工业产品客户服务需求的树状分解模型,如图 2-16 所示。

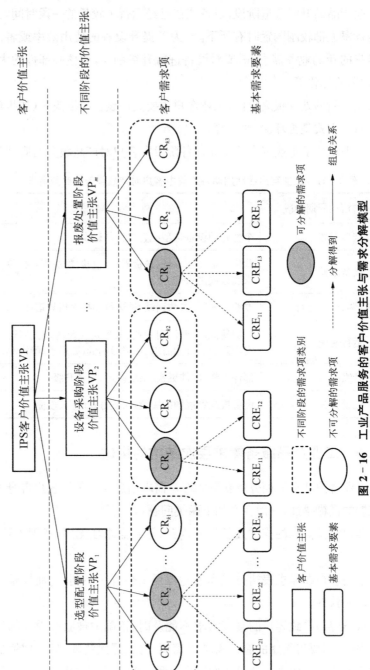

图 2-16 工业产品服务的客户价值主张与需求分解模型

在该模型中,根据不同的产品使用周期阶段,将客户价值主张逐次分解成相互独立的客户需求项。在需求分解过程中,可能出现重叠的子需求项,应该进行适当合并化简或删除,减少冗余的客户需求。客户需求层次结构以客户需求为节点,将需求逐级分解,形成具有继承性的客户需求结构树。这种方法能够清晰地表达需求的层次关系,有利于后续的客户需求到服务技术特性的映射。亲和图[35]可以用来对无序的服务需求进行归类、合并和化简,因为该方法能够将随机的数据整理成不同的符合逻辑的子类和分组。产品服务需求管理团队首先需要将识别出的客户需求用比较简单的、具备一定代表性的短语来表示。然后,这些代表客户需求的描述短语被组合成不同的亲和组(affinity groups)。选取能够代表亲和组主要内容的需求描述短语作为首层需求,而其构成要素再作为待分解的客户需求,从而形成一个客户需求的树状结构,如图 2-16 所示。

另外还需要注意的是,在需求分解过程中,分解的粒度选取要适当。分解粒度越小,对客户需求的理解就越深刻,但子需求项的数量就越多,会增加后续处理的工作量。如果需求分解粒度过大,分解后得到的需求往往不能表达具体的客户意图,会阻碍服务设计师对需求的正确理解。

最终得到的产品服务需求项,一方面将作为产品服务设计的重要输入信息,明确设计方向。另一方面,产品服务需求项也作为最终产品服务方案的评选指标,以此来衡量方案是否真正满足客户的要求。

2.3.7　应用案例——载客电梯产品服务的客户需求识别

1) 案例背景简介

M 电梯公司是中国最大的电梯产品设计、制造和服务商之一,公司年产超过七万台,累计销售各类电梯四十余万台,曾经连续 7 年成为世界上年产销量最高的电梯企业(就单个工厂而言)。然而,随着房地产行业发展放缓及电梯设计和制造技术趋于成熟,电梯厂商新梯收入的增长幅度放慢,利润持续降低。为了找到新的利润增长点,实现可持续的盈利模式,M 电梯公司将电梯服务作为提升其竞争力的有效途径,通过为不同类型的客户提供个性化的产品服务,保障和增强电梯运行效果,加快向服务型电梯企业转变,打造独具特色的服务品牌。

虽然 M 电梯公司在电梯产品的设计方面有着比较成熟的经验和知识,但是传统产品设计的方法并不能很好地支持电梯服务新的业务模式。通过对 M 电梯公司的载客电梯产品和服务业务的调研,发现公司目前缺乏完善、合理的服务需求的获取与分析方法体系,仅使用传统的面向产品的需求获取与分析方法,导致获取的需求不全面、不准确,所得到的客户需求大多集中在产品的功能描述上,无法满足电梯服务的设计。因此,下面基于本节所提出的 I - CAC 模型对 M 公司的载客电梯产品服务系统的服务需求进行识别。

2) 实际应用与结果分析

利用在本节提出的工业客户活动周期分析模型,找出客户围绕电梯使用而展开的主要活动,包括电梯产品的选型配置、采购、电梯安装调试和试运行、电梯运行使用等方面。其次,围绕电梯用户的关键活动,找出不同相关利益方及其影响。这些相关利益方主要包括建筑开发商、物业公司、业主、电梯安装运行相关法规等。载客电梯的客户活动周期分析如图 2 - 17 所示。

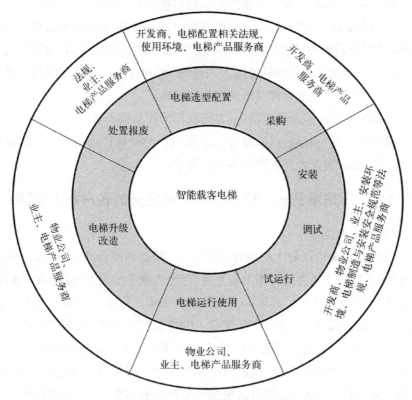

图 2 - 17　载客电梯的客户活动周期分析

对于电梯客户活动周期分析中具有不同利益诉求的相关利益方,结合焦点小组和访谈,分析不同的电梯使用周期,获取他们的需求。例如,在电梯采购前的选型阶段,客户需要专业的电梯选型配置建议,而这往往需要专业的指导和咨询,由于缺乏专业的知识和背景,客户自身做出经济合理的电梯选型配置决策是比较困难的。此外,每栋楼安装几台电梯,每台电梯的载重量和速度如何选择,这些问题都需要在电梯选型阶段考虑。电梯的选型配置是否合理还将直接影响建筑的使用安全和经济效益。因此,电梯服务商需要结合相关法规[如《住宅设计规范(GB 50096—2011)》]和楼层实际建筑环境,为客户提供电梯交通流量分析,提供合适的电梯选型建议和报告。图 2-18 中描述了该阶段的客户需求导出过程。

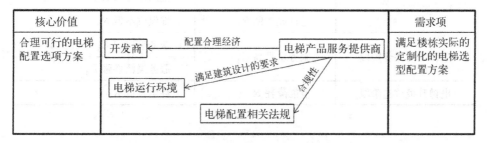

图 2-18　电梯选型配置阶段的客户需求导出

又例如,在电梯运行使用阶段,该阶段的核心价值是安全可靠的乘梯体验,为了实现这一价值,业主和物业公司分别对电梯服务提供商提出了运行安全可靠和节约成本的要求。因此,这一阶段的客户需求可以总结为"电梯运行安全可靠"和"电梯运行成本低",如图 2-19 所示。

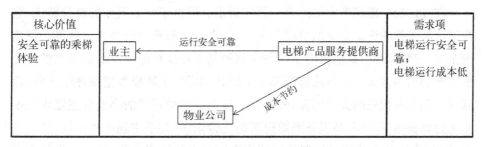

图 2-19　电梯运行使用阶段的客户需求导出

类似地,处于客户活动周期其他阶段的需求也可以依次导出。对原始需求项进行分解、合并化简后,得到如表 2-12 所示的电梯产品服务的需求层次结构。需要说明的是,在需求调研过程中发现,客户在电梯处置报废阶段有自己独特的回收渠道,另外,M 电梯公司目前的服务业务也没有涉及电梯回收服务,因此这里的客户需求没有分析电梯报废阶段的拆解、回收等内容。

表 2 - 12　电梯运行使用阶段的客户需求导出

客户活动周期	客户需求项	子 需 求 项
选型配置阶段	快速投入使用 R_1	专业定制化的咨询 R_{11}
电梯安装调试阶段		专业及时的安装调试 R_{12}
电梯运行使用阶段	运行安全可靠 R_2	安全事故少 R_{21}
		停梯故障少 R_{22}
		使用寿命长 R_{23}
	运行成本低 R_3	维保成本低 R_{31}
电梯维修保养阶段	服务水平高 R_4	服务响应快 R_{41}
		服务灵活性强 R_{42}
电梯升级改造阶段	节能降耗 R_5	耗电量低 R_{51}

2.4　本章小结

相对于产品需求而言,客户对于产品服务的需求更为隐蔽和分散,具有多样性、复杂性、模糊性、主观性等特征。在本章,我们提出了两种系统化的产品服务需求识别方法。

在线评论中潜藏着大量的客户真实诉求。但由于产品服务的自身特性,客户对产品服务的评论会更加模糊和主观,且常常会与有关产品自身性能的评论混杂在一起。因此,我们提出了一种全新的基于在线评论的产品服务共性和个性需求的识别方法。该方法首先基于 CPSP - LDA 主题模型挖掘评论主题,筛选与产品服务相关的关键词和评论文档,该改进后的可选的半监督主题识别模型通过将根据客户-产品服务画像得来的先验知识(种子主题和种子词)整合进 LDA 模型中,以此来引导模型学习使用者感兴趣的特定主题,更深入地挖掘评论文档中的潜在语义关系,更有针对性地从在线评论中识别与产品服务相关的主题和关键词,弥补传统 LDA 模型的局限性和不足。之后,基于评论影响力特征 ICR,利用 ICR - Louvain 算法对产品服务关键词的词共现关系网络进行社区发现与划分,充分挖掘不同客户间的共性关注点和个性关注点。最后,依此导出更贴合客户实际需要且更具有预测性的产品服务共性需求和个性需求,进而为产品服务模块化和产品服务方案的设计与配置提供科学有效的信息支撑。

　　工业产品相较其他面向大众的常规使用的产品而言,其产品服务需求会更具复杂性和专业性,会更多地体现在产品使用的过程中且不易被识别。因此,我们提出了基于工业客户活动周期分析模型的工业产品服务需求识别方法,该系统化的方法综合考虑了工业产品使用周期和相关利益方对客户活动的影响,由此分阶段导出层次化的客户服务需求,较为全面地反映了客户实际需求情况。从实际效益来看,基于工业客户活动周期的客户需求识别模型简便易用,便于系统地支持设计师识别出工业产品服务的客户需求,是一种以客户活动为中心的需求开发方法。此外,图形化的需求识别方法便于设计师识别出客户活动和相关利益方,方便需求分析人员与客户进行有效的互动和沟通,深入挖掘需求信息,因此具有很好的实际应用价值。

第 3 章
产品服务需求分析

3.1 引　　言

客户的产品服务需求种类各异、数目繁多,然而受企业设计资源、资金等方面的限制,企业往往无法满足所有的客户需求。因此,需要对产品服务需求进行重要度评价与排序,以找出关键的产品服务需求,确定各产品服务需求实现的优先级次序,这样能帮助产品服务设计师更加正确地把握和理解客户需求,提高产品服务的设计效率,减少因“伪需求”导致的设计方向失误、资金资源浪费等。在本章,我们提出了两种产品服务需求分析方法。

1) 集成粗糙云模型与 DEMATEL 方法的产品服务需求排序与分类方法

现实中,客户的产品服务需求间往往存在着相互影响的关系,即某些需求的满足会影响另一些需求的实现。以电梯客户为例,其产品服务需求有: ① 电梯运行状态实时监控;② 电梯维护可靠及时;③ 定期的电梯使用培训;④ 确保电梯安全、高效运行。

如果不考虑需求间的相互影响,可能会发现需求④是客户最在意的,但实际上,需求④会受到需求①、②和③的影响,即: 如果需求①、②和③得到了很好的满足,那么需求④自然也能实现。故该情况下,需求①、②和③的服务设计与配置优先级应该高于需求④。因此,针对产品服务需求间具有相互影响关系的特点,我们提出了一种集成粗糙云模型(rough cloud model)和决策试验与评价实验室(decision making trial and evaluation laboratory, DEMATEL)方法的产品服务需求排序与分类方法。该方法通过将云模型理论、粗糙集理论与

DEMATEL 技术相结合,能处理评价过程中由于不确定因素导致的评价结果模糊性以及不同评价者之间的差异性,能有效地识别需求间的相互影响关系,准确合理地对需求的重要性进行排序和分类,在企业设计和配置产品服务时提供依据。

2) 基于粗糙群层次分析法(rough-group analytic hierarchy process, R - GAHP)的产品服务需求重要度分析法

传统的客户需求重要度评价方法中往往忽略了不确定环境下的决策信息的主观性和模糊性。针对此,我们提出了基于粗糙群层次分析法的需求重要度分析技术,该方法通过将粗糙数(rough number)的概念引入群层次分析法(group analytic hierarchy process, GAHP),以此来处理需求评价过程中的不确定信息。粗糙数能够很好地帮助需求分析和决策人员获取真实的客户感知,并且在先验信息贫乏的情况下,也能得到比较可靠的、具备优先级的产品服务需求清单,为产品服务设计师明确设计重点和方向。

3.2　集成粗糙云模型与 DEMATEL 方法的产品服务需求排序与分类方法

集成粗糙云模型与 DEMATEL 方法的产品服务需求排序与分类方法的技术路线如图 3 - 1 所示。

该方法主要有 4 个阶段。在阶段 1,首先需要专家们根据评价标度对产品服务需求间的影响程度做出评价,作为整个分析的数据输入;接着,根据云模型理论的相关定义,将专家定性的区间评价转换为定量的区间云模型,且保留专家评价的真实意图;之后,结合粗糙集理论,对于每一个评价项,考虑群决策环境中所有专家在该评价项上的评价分布情况,计算各专家评价的粗糙云模型;最后,集成各专家评价,得到直接关系粗糙云矩阵 A。阶段 2 是依据 DEMATEL 方法的技术路线进行的一系列计算,但是这里被代入运算的不再是传统 DEMATEL 方法中的单个实数,而是粗糙云模型,最后得到的也是粗糙云形式的中心度和原因度。阶段 3 将这些粗糙云程度转换为数值,这里充分考虑了主观和客观两方面因素,最后得出的综合数值能更加真实、全面和准确地反映出各需求对整体产品服务的重要性和净效应。在阶段 4,首先根据各需求的中心度和原因度数值,作出二维因果关系图,之后根据需求在图中的具体位置,得到需

```
┌─────────────────────────────────────────────────────┐
│            阶段 1：专家区间模糊评价的转换              │
├─────────────────────────────────────────────────────┤
│ 步骤 1：获取各专家的区间评价矩阵                       │
│ 步骤 2：将各专家评价转换为相应的区间云模型            │
│ 步骤 3：计算各专家评价的粗糙云模型                    │
│ 步骤 4：集成所有专家评价，得到直接关系粗糙云矩阵 A    │
├─────────────────────────────────────────────────────┤
│          阶段 2：产品服务需求间相互影响关系的识别      │
├─────────────────────────────────────────────────────┤
│ 步骤 1：计算归一化的直接关系粗糙云矩阵 X             │
│ 步骤 2：计算全关系粗糙云矩阵 T                       │
│ 步骤 3：计算各产品服务需求的"影响度""被影响度""中心度"│
│         和"原因度"的粗糙云程度                        │
├─────────────────────────────────────────────────────┤
│             阶段 3：粗糙云程度的数值确定              │
├─────────────────────────────────────────────────────┤
│ 步骤 1：计算各粗糙云程度的主观数值                    │
│ 步骤 2：计算各粗糙云程度的客观数值                    │
│ 步骤 3：计算各粗糙云程度的综合数值                    │
├─────────────────────────────────────────────────────┤
│           阶段 4：产品服务需求的排序与分类            │
├─────────────────────────────────────────────────────┤
│ 步骤 1：生成产品服务需求的因果关系图                  │
│ 步骤 2：产品服务需求的排序与分类                      │
└─────────────────────────────────────────────────────┘
```

**图 3-1　集成粗糙云模型与 DEMATEL 方法的产品
服务需求排序与分类方法的技术路线**

求的排序与分类结果，为企业在设计和配置产品服务时提供更加详细和有针对性的信息支持。

　　由于该集成方法中涉及云模型理论、粗糙集理论与 DEMATEL 方法，为了方便理解和阅读，下面先在 3.2.1 节中对该方法中需要用到的一些基本定义和计算公式进行总结和解释，再在后面的 4 个小节中对粗糙云 DEMATEL 算法中4 个阶段的具体步骤分别进行介绍。

3.2.1　基本定义

1）DEMATEL 方法

　　正如本章引言中所提到的，客户的产品服务需求间往往存在相互影响关系[36]。DEMATEL 方法是由美国 Battelle 实验室的学者 A. Gabus 和 E. Fontela 提出的一种系统科学方法论，它基于图论与矩阵工具来对复杂系统中的因素进行分析，因此常被用来处理这种需求间相互影响的问题，以对需求进行排序[37]，识别关键需求。传统 DEMATEL 方法的计算步骤如下。

　　（1）根据研究对象和研究目的，确定研究元素和评价标度（如 0 表示无影响,1 表示低影响,2 表示中等影响,3 表示高影响)。

(2) 根据评价标度,由专家对各元素之间的相互影响关系进行两两比较、量化打分,由此可以得到如式(3-1)所示的直接关系矩阵 A,矩阵中 $a_{1,2}$ 表示专家给出的元素 1 对元素 2 影响程度的评价分值。

$$A = \begin{bmatrix} 0 & a_{1,2} & \cdots & a_{1,n} \\ a_{2,1} & 0 & \cdots & a_{2,n} \\ \vdots & \vdots & & \vdots \\ a_{n,1} & a_{n,2} & \cdots & 0 \end{bmatrix} \qquad (3-1)$$

(3) 对矩阵 A 进行归一化处理,得到可比的、规范的直接关系矩阵 X,其中常用的归一化公式如式(3-2)所示。

$$X = k \times A$$
$$k = \frac{1}{\max\limits_{1 \leqslant i \leqslant n} \sum_{j=1}^{N} a_{i,j}}, \ i, j = 1, \cdots, n \qquad (3-2)$$

(4) 全关系矩阵 T 的计算公式如式(3-3)所示,其中规范的直接关系矩阵 X 不断自乘,表示的是元素之间增加的间接影响,因此矩阵 T 即是元素之间直接影响和间接影响之和。特别地,当 X 无限自乘后,矩阵中的所有值会趋近于 0,即 $\lim\limits_{\lambda \to \infty} X^{\lambda} = 0$。

$$T = X + X^2 + \cdots + X^{\lambda} = \sum_{\lambda=1}^{\infty} X^{\lambda} = X(I - X)^{-1} \qquad (3-3)$$

(5) 根据全关系矩阵 T 的计算结果,便可以得到各元素的"影响度""被影响度""中心度"和"原因度",计算公式如式(3-4)~式(3-7)所示。其中,"影响度" D_i 是指矩阵 T 中的各行值之和,表示元素 i 对其他所有元素的综合影响值;"被影响度" R_j 是指矩阵 T 中的各列值之和,表示元素 j 受到其他所有元素影响的综合影响值;"中心度" M_i 是对应元素的影响度和被影响度之和,它反映了该元素在整个评价体系中的重要程度;"原因度" C_j 表示对应元素的影响度和被影响度之差,它反映了该元素对整个评价体系的净效应。

$$D_i = t_{i1} + t_{i2} + \cdots + t_{in} = \sum_{j=1}^{n} t_{ij} \qquad (3-4)$$

$$R_j = t_{1j} + t_{2j} + \cdots + t_{nj} = \sum_{i=1}^{n} t_{ij} \qquad (3-5)$$

$$M_i = D_i + R_j (i = j) \tag{3-6}$$

$$C_j = D_i - R_j (i = j) \tag{3-7}$$

（6）将上述计算得出的中心度和原因度绘制坐标图，最后根据各元素所处的象限位置得出各元素在评价体系中的排序结果。

然而，传统 DEMATEL 方法中存在一些不足之处。首先，该方法需要专家对各研究元素之间的影响程度进行两两比较，并用单个整数做出评价，所以该方法的数据来源主要是专家经验。但是实际应用时，专家们对于这种评价方式常常感到有难度，会犹豫甚至不知道应该用哪个精确数值描述影响程度。例如在评价"定期的电梯使用培训"对"电梯维护可靠及时"的影响程度时，专家一方面可能觉得电梯维护主要取决于专业人员的技术水平，所以电梯使用培训对维护工作的影响程度不大；但另一方面，专家又会考虑，定期的使用培训能够帮助客户更加正确地运行和管理电梯，方便日后电梯维护，提高维护效率。因此该情况下，专家无法对影响程度进行精确的量化，而只能用区间形式（如[低，中等]表示影响程度介于低到中等之间）作出更模糊的评价，这与一般的模糊性不同，这里我们将其定义为专家评价的区间模糊性。但是，传统 DEMATEL 方法并不能处理这种区间模糊性。

其次，关于目前学术界已有的一些 DEMATEL 的改进方法，也仍然存在局限性和不足。针对模糊评价，现有研究大多都采用模糊集理论对 DEMATEL 方法进行扩展。Jeng 和 Tzeng[38]提出基于三角模糊数的 DEMATEL 方法，利用三角模糊数代表因素间的影响程度，提升专家评价语义上的精准度。张琦等[39]构建了基于梯形直觉模糊数的 DEMATEL 方法，运用语言变量表征专家评价，依据语言评价集和补集算子，将专家评价转换为梯形直觉模糊数进行标准化计算。Chen 等[40]提出了粗糙模糊 DEMATEL - ANP 方法，用来识别产品服务系统中关键的可持续价值需求。但是，现有研究也仍未涉及我们在这里提出的区间模糊性问题。此外，模糊集理论本身也存在一定的局限性：

（1）模糊集理论中隶属度函数的选择过于主观，缺少客观的选择标准与方法[41]，且很难找到与实际情况完全匹配的模糊隶属度函数，影响分析结果的真实有效性；

（2）Ⅰ型模糊集中的隶属度是精确的数值，但是用精确值去衡量模糊性，这本身就是十分矛盾的，有违模糊方法的初衷，将会导致信息失真[42]；

（3）Ⅱ型模糊集的隶属度实际上是一个区间，但它只考虑了隶属度的模糊性,而忽略了区间的不确定性[43],依旧会造成对专家评价真实意图的曲解。

因此,鉴于现有 DEMATEL 方法存在的一些缺陷,我们提出了一种集成粗糙云模型与 DEMATEL 法的方法,粗糙云模型能真正有效地处理专家评价的区间模糊性,且其隶属度不是一个精确的值,也不是一个区间,而是服从一定概率分布而随机生成的一系列离散点,解决了前面所述模糊集理论中的不足。因此,该方法能够准确识别需求间的相互影响关系,并对需求的重要性进行排序和分类。

2) 云模型理论

云模型(cloud model)[44]的概念是由中国工程院院士李德毅教授在 1995 年提出的,它基于概率论和模糊集理论,是一种能够反映定性概念模糊性与随机性的人工智能方法,构建了定性概念与定量描述的相互映射关系。其中所涉及的一些基本定义如下。

定义 1: 假设 U 是一个有效论域,T 是 U 中的一个定性概念,如果 $x \in U$ 是 T 的一个随机实例,且满足如下式子:

$$x \sim N(Ex, En'^2), \ En' \sim N(En, He^2) \tag{3-8}$$

$$\mu_T(x) = e^{\frac{(x-Ex)^2}{2(En')^2}} \tag{3-9}$$

则 x 在 U 中的分布为正态云模型 $C = (Ex, En, He)$,x 为正态云滴。其中,Ex 是云滴的数学期望值,En 反映了云滴的分散程度,He 决定了云的厚度。已有研究表明正态云模型具有普遍适用性,能够揭示自然和社会科学中大量模糊概念的基本规律[44]。图 3-2 展示了一个正态云模型 $C = (30, 5, 1)$,该

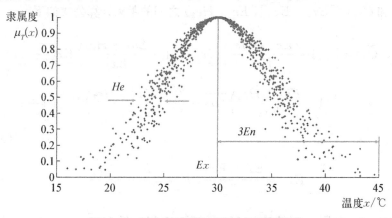

图 3-2　正态云模型描述的定性概念"热"

模型描述的是夏季中"热"这一定性概念,横轴表示温度,纵轴表示温度之于定性概念"热"的隶属度。

定义 2: 当 Ex 是区间值 $[\underline{Ex},\ \overline{Ex}]$ 时,则变成区间云模型 $\widetilde{C} = ([\underline{Ex},\ \overline{Ex}],\ En,\ He)$。在同一有效论域 U 内,两个区间云模型 $\widetilde{C}_1 = ([\underline{Ex_1},\ \overline{Ex_1}],\ En_1,\ He_1)$ 和 $\widetilde{C}_2 = ([\underline{Ex_2},\ \overline{Ex_2}],\ En_2,\ He_2)$ 之间的算术运算规则如下:

$$\widetilde{C}_1 + \widetilde{C}_2 = ([\underline{Ex_1} + \underline{Ex_2},\ \overline{Ex_1} + \overline{Ex_2}],\ \sqrt{En_1^2 + En_2^2},\ \sqrt{He_1^2 + He_2^2})$$
$$(3-10)$$

$$\widetilde{C}_1 - \widetilde{C}_2 = ([\underline{Ex_1} - \overline{Ex_2},\ \overline{Ex_1} - \underline{Ex_2}],\ \sqrt{En_1^2 + En_2^2},\ \sqrt{He_1^2 + He_2^2})$$
$$(3-11)$$

$$\widetilde{C}_1 \times \widetilde{C}_2 = ([\underline{Ex_1} \times \underline{Ex_2},\ \overline{Ex_1} \times \overline{Ex_2}],\ \sqrt{(En_1 Ex_2)^2 + (En_2 Ex_1)^2},$$
$$\sqrt{(He_1 Ex_2)^2 + (He_2 Ex_1)^2})$$
$$= \left([\underline{Ex_1} \times \underline{Ex_2},\ \overline{Ex_1} \times \overline{Ex_2}],\ |En_1 En_2|\sqrt{\left(\frac{Ex_1}{En_1}\right)^2 + \left(\frac{Ex_2}{En_2}\right)^2},\right.$$
$$\left. |He_1 He_2|\sqrt{\left(\frac{Ex_1}{He_1}\right)^2 + \left(\frac{Ex_2}{He_2}\right)^2}\right)$$
$$(3-12)$$

$$\lambda \widetilde{C}_1 = ([\lambda \underline{Ex_1},\ \lambda \overline{Ex_1}],\ \sqrt{\lambda} En_1,\ \sqrt{\lambda} He_1) \qquad (3-13)$$

定义 3: 在同一有效论域 U 内,两个区间云模型 $\widetilde{C}_1 = ([\underline{Ex_1},\ \overline{Ex_1}],\ En_1,\ He_1)$ 和 $\widetilde{C}_2 = ([\underline{Ex_2},\ \overline{Ex_2}],\ En_2,\ He_2)$ 之间的距离计算公式如下:

$$d(\widetilde{C}_1,\ \widetilde{C}_2) = \left[\left|\left(1 - \frac{En_1 + He_1}{Ex_1}\right)\underline{Ex_1} - \left(1 - \frac{En_2 + He_2}{Ex_2}\right)\underline{Ex_2}\right| + \right.$$
$$\left. \left|\left(1 - \frac{En_1 + He_1}{Ex_1}\right)\overline{Ex_1} - \left(1 - \frac{En_2 + He_2}{Ex_2}\right)\overline{Ex_2}\right|\right] \div 2$$
$$(3-14)$$

$$Ex_1 = \frac{\underline{Ex_1} + \overline{Ex_1}}{2},\ Ex_2 = \frac{\underline{Ex_2} + \overline{Ex_2}}{2} \qquad (3-15)$$

定义 4: 在同一有效论域 U 中,两个区间云模型 $\widetilde{C}_1 = ([\underline{Ex_1},\ \overline{Ex_1}],$

En_1，He_1）和 $\widetilde{C}_2 = ([\underline{Ex_2}，\overline{Ex_2}]，En_2，He_2)$ 之间可以比较大小。根据 $3En$ 法则（$3En$ principle），具体的比较规则如下：

（1）若 $R_{ab} > 0$，则 $\widetilde{C}_1 > \widetilde{C}_2$；

（2）若 $R_{ab} = 0$ 且 $En_1 < En_2$，则 $\widetilde{C}_1 > \widetilde{C}_2$；

（3）若 $R_{ab} = 0$ 且 $En_1 = En_2$ 且 $He_1 < He_2$，则 $\widetilde{C}_1 > \widetilde{C}_2$；

（4）若 $R_{ab} = 0$ 且 $En_1 = En_2$ 且 $He_1 = He_2$，则 $\widetilde{C}_1 = \widetilde{C}_2$。

其中，$R_{ab} = 2(\overline{a} - \underline{b}) - (\overline{a} - \underline{a} + \overline{b} - \underline{b})$，$\underline{a} = \underline{Ex_1} - 3En_1$，$\overline{a} = \overline{Ex_1} + 3En_1$，$\underline{b} = \underline{Ex_2} - 3En_2$，$\overline{b} = \overline{Ex_2} + 3En_2$。

定义 5：假设 $S = \{s_\alpha \mid \alpha = 0, 1, \cdots, t, t \in N\}$ 是一个离散的评价标度集，$U = [X_{min}, X_{max}]$ 代表有效论域，并由专家组根据实际情况提前设定。由此，对于每一个评价标度，可以获得相应的基础正态云模型 $C_\alpha = (Ex_\alpha, En_\alpha, He_\alpha)$，各云模型中的数值特征均由黄金分割法（golden section）计算而得。

下面以评价标度集 $S = \{s_0 = $没有影响$, s_1 = $影响程度低$, s_2 = $影响程度中等$, s_3 = $影响程度高$, s_4 = $影响程度极高$\}$ 为例进行展示，这里 $t = 4$，$U = [0, 1]$，$He_2 = 0.01$ 均由专家组提前设置，则各基础云模型中的数值特征的计算步骤如下：

$$Ex_\alpha = \frac{\alpha}{t}，\alpha = 0, 1, \cdots, t \tag{3-16}$$

$$En_2 = \frac{[0.382 \times (X_{max} - X_{min})]}{3(t+1)}，En_1 = En_3 = \frac{En_2}{0.618}，En_0 = En_4 = \frac{En_1}{0.618} \tag{3-17}$$

$$He_2 = 0.01，He_1 = He_3 = \frac{He_2}{0.618}，He_0 = He_4 = \frac{He_1}{0.618} \tag{3-18}$$

定义 6：假设 $[s_\alpha, s_\beta]$ 是根据评价标度集 S 得到的某一评价结果，那么根据定义 5，针对 s_α 和 s_β，我们可以分别得到两个基础云模型：$C_\alpha = (Ex_\alpha, En_\alpha, He_\alpha)$ 和 $C_\beta = (Ex_\beta, En_\beta, He_\beta)$。由此，我们可以进一步得到该评价 $[s_\alpha, s_\beta]$ 的区间云模型 $\widetilde{C} = ([\underline{Ex}, \overline{Ex}], En, He)$，具体计算公式如下：

$$\widetilde{C} = \left([\min\{Ex_\alpha, Ex_\beta\}, \max\{Ex_\alpha, Ex_\beta\}], \sqrt{\frac{En_\alpha^2 + En_\beta^2}{2}}, \sqrt{\frac{He_\alpha^2 + He_\beta^2}{2}} \right) \tag{3-19}$$

定义 7：假设有 K 位专家参与评价，那么对于每一个评价项目（例如需求 i 对于需求 j 的影响程度），都会得到 K 个区间评价值 $[s_\alpha, s_\beta]_i (i = 1, 2, \cdots, K)$。于是根据定义 5 和 6，这 K 个区间评价值可以被转化为 K 个相应的区间云模型，进而我们可以得到区间云模型评价集合 $ICS = \{\widetilde{C}_i = ([\underline{Ex_i}, \overline{Ex_i}], En_i, He_i) \mid i = 1, 2, \cdots, K\}$。

粗糙集理论(rough set theory)[45]是由波兰科学家 Z. Pawlak 在 1982 年提出的一种数据分析处理技术，因为其不需要任何先验知识且简单易用，所以被广泛应用于处理不精确(imprecise)、不一致(inconsistent)和不完整(incomplete)信息。结合粗糙集理论和定义 4，对于每一个评价项目（需求 i 对于需求 j 的影响程度），其区间云模型集合中的每个云模型，都能进一步转化成粗糙云模型，具体计算步骤如下。

(1) 计算每个区间云模型 $\widetilde{C}_i$ 的上近似集和下近似集：

$$\underline{\mathrm{apr}}(\widetilde{C}_i) = \bigcup \{\widetilde{C}_j \in ICS \mid \widetilde{C}_j \leqslant \widetilde{C}_i\} \qquad (3-20)$$

$$\overline{\mathrm{apr}}(\widetilde{C}_i) = \bigcup \{\widetilde{C}_j \in ICS \mid \widetilde{C}_j \geqslant \widetilde{C}_i\} \qquad (3-21)$$

(2) 计算每个区间云模型 $\widetilde{C}_i$ 的上近似限和下近似限：

$$\underline{\lim}(\widetilde{C}_i) = ([\underline{Ex_i^L}, \overline{Ex_i^L}], En_i^L, He_i^L) = \frac{1}{N_l} \sum_j \widetilde{C}_j \Big| \widetilde{C}_j \in \underline{\mathrm{apr}}(\widetilde{C}_i)$$

$$= \left(\left[\frac{1}{N_l} \sum \underline{Ex_j}, \frac{1}{N_l} \sum \overline{Ex_j} \right], \sqrt{\frac{1}{N_l} \sum (En_j)^2}, \sqrt{\frac{1}{N_l} \sum (He_j)^2} \right)$$

$$(3-22)$$

$$\overline{\lim}(\widetilde{C}_i) = ([\underline{Ex_i^U}, \overline{Ex_i^U}], En_i^U, He_i^U) = \frac{1}{N_u} \sum_j \widetilde{C}_j \Big| \widetilde{C}_j \in \overline{\mathrm{apr}}(\widetilde{C}_i)$$

$$= \left(\left[\frac{1}{N_u} \sum \underline{Ex_j}, \frac{1}{N_u} \sum \overline{Ex_j} \right], \sqrt{\frac{1}{N_u} \sum (En_j)^2}, \sqrt{\frac{1}{N_u} \sum (He_j)^2} \right)$$

$$(3-23)$$

(3) 计算每个区间云模型 $\widetilde{C}_i$ 的粗糙云模型：

$$R\widetilde{C}_i = [\underline{\lim}(\widetilde{C}_i), \overline{\lim}(\widetilde{C}_i)] = \left(([\underline{Ex_i^L}, \overline{Ex_i^L}], En_i^L, He_i^L), \right.$$

$$\left. [\underline{Ex_i^U}, \overline{Ex_i^U}], En_i^U, He_i^U \right)$$

$$= \left([\min\{\underline{Ex_i^L}, \underline{Ex_i^U}\}, \max\{\overline{Ex_i^L}, \overline{Ex_i^U}\}], \right.$$

$$\sqrt{\frac{(En_i^L)^2 + (En_i^U)^2}{2}}, \sqrt{\frac{(He_i^L)^2 + (He_i^U)^2}{2}}) \tag{3-24}$$

3.2.2 专家区间模糊评价的转换

1) 获取各专家的区间评价矩阵

假设有 n 个产品服务需求,邀请 K 位专家,根据评价标度集 $S = \{s_0 =$ 没有影响(N),$s_1 =$ 影响程度低(L),$s_2 =$ 影响程度中等(M),$s_3 =$ 影响程度高(H),$s_4 =$ 影响程度极高(E)\},对需求间的影响程度进行两两比较。考虑到专家评价过程中的区间模糊性,本方法允许专家以区间的形式做出评价,例如,[L, M]表示影响程度介于"低"到"中等"之间。各专家的区间评价矩阵表示如下:

$$\boldsymbol{Y}^k = \begin{bmatrix} 0 & [y_{12}^{kL}, y_{12}^{kU}] & \cdots & [y_{1n}^{kL}, y_{1n}^{kU}] \\ [y_{21}^{kL}, y_{21}^{kU}] & 0 & \cdots & [y_{2n}^{kL}, y_{2n}^{kU}] \\ \vdots & \vdots & & \vdots \\ [y_{n1}^{kL}, y_{n1}^{kU}] & [y_{n2}^{kL}, y_{n2}^{kU}] & \cdots & 0 \end{bmatrix} \tag{3-25}$$

其中,$\boldsymbol{Y}^k$ 表示专家 k 给出的区间评价矩阵($k=1, 2, \cdots, K$);$[y_{ij}^{kL}, y_{ij}^{kU}]$ 表示专家 k 给出的需求 i 对需求 j 影响程度的区间模糊评价($i=1, 2, \cdots, n; j=1,$ $2, \cdots, n$),y_{ij}^{kL} 表示最小可能影响程度,y_{ij}^{kU} 表示最大可能影响程度。此外,根据 DEMATEL 方法,该评价矩阵对角线上的值全部为 0,即 $y_{ii} = 0 (i=1, 2,$ $\cdots, n)$。

2) 将各专家评价转换为相应的区间云模型

这里,$U = [0, 1]$,$He_2 = 0.01$ 均由专家组提前设置。根据定义 5,前一步骤中所设评价标度集 S 中各评价标度对应的正态云模型如表 3-1 所示。

表 3-1 评价标度对应的云模型

评价标度	评价标度表示	对应的云模型
s_0	没有影响(N)	$C_0 = (0, 0.067, 0.026)$
s_1	影响程度低(L)	$C_1 = (0.25, 0.041, 0.016)$
s_2	影响程度中等(M)	$C_2 = (0.5, 0.025, 0.01)$
s_3	影响程度高(H)	$C_3 = (0.75, 0.041, 0.016)$
s_4	影响程度极高(E)	$C_4 = (1, 0.067, 0.026)$

由此,根据定义6,对于每个区间评价 $\left[y_{ij}^{kL}, y_{ij}^{kU}\right]$,可以分别得到两个正态云模型:$C_{ij}^{kL} = (Ex_{ij}^{kL}, En_{ij}^{kL}, He_{ij}^{kL})$ 和 $C_{ij}^{kU} = (Ex_{ij}^{kU}, En_{ij}^{kU}, He_{ij}^{kU})$,进而计算得出 $\left[y_{ij}^{kL}, y_{ij}^{kU}\right]$ 对应的区间云模型 $\widetilde{C}_{ij}^{k}$ 为:

$$\widetilde{C}_{ij}^{k} = ([\underline{Ex_{ij}^{k}}, \overline{Ex_{ij}^{k}}], En_{ij}^{k}, He_{ij}^{k})$$

$$= \left([\min\{Ex_{ij}^{kL}, Ex_{ij}^{kU}\}, \max\{Ex_{ij}^{kL}, Ex_{ij}^{kU}\}],\right.$$

$$\left.\sqrt{\frac{(En_{ij}^{kL})^2 + (En_{ij}^{kU})^2}{2}}, \sqrt{\frac{(He_{ij}^{kL})^2 + (He_{ij}^{kU})^2}{2}}\right) \tag{3-26}$$

3) 计算各专家评价的粗糙云模型

群决策环境中,由于不同专家在知识积累、认知水平和工作经验上存在差异,对同一评价项 ij(需求 i 对需求 j 的影响程度)也会有不同的、主观的模糊判断。因此,根据定义7,需要基于同一评价项上所有专家的评价分布情况,将每个区间云模型 $\widetilde{C}_{ij}^{k}$ 进一步转换为对应的粗糙云模型 $R\widetilde{C}_{ij}^{k}$。经过步骤2,对于每个评价项 ij,其区间云模型评价集合表示为:$ICS_{ij} = \{\widetilde{C}_{ij}^{k} = ([\underline{Ex_{ij}^{k}}, \overline{Ex_{ij}^{k}}], En_{ij}^{k}, He_{ij}^{k}) \mid i = 1, 2, \cdots, n; j = 1, 2, \cdots, n; k = 1, 2, \cdots, K\}$。由此可得各区间云模型 $\widetilde{C}_{ij}^{k}$ 的上近似集和下近似集:

$$\underline{apr}(\widetilde{C}_{ij}^{k}) = \bigcup \{\widetilde{C}_{ij}^{m} \in ICS \mid \widetilde{C}_{ij}^{m} \leqslant \widetilde{C}_{ij}^{k}\} \tag{3-27}$$

$$\overline{apr}(\widetilde{C}_{ij}^{k}) = \bigcup \{\widetilde{C}_{ij}^{m} \in ICS \mid \widetilde{C}_{ij}^{m} \geqslant \widetilde{C}_{ij}^{k}\} \tag{3-28}$$

各区间云模型 $\widetilde{C}_{ij}^{k}$ 的上近似限和下近似限为:

$$\underline{\lim}(\widetilde{C}_{ij}^{k}) = ([\underline{Ex_{ij}^{kL}}, \overline{Ex_{ij}^{kL}}], En_{ij}^{kL}, He_{ij}^{kL}) = \frac{1}{N_L} \sum_m \widetilde{C}_{ij}^{m} \mid \widetilde{C}_{ij}^{m} \in \underline{apr}(\widetilde{C}_{ij}^{k})$$

$$= \left(\left[\frac{1}{N_L} \sum \underline{Ex_{ij}^{m}}, \frac{1}{N_L} \sum \overline{Ex_{ij}^{m}}\right], \sqrt{\frac{1}{N_L} \sum (En_{ij}^{m})^2}, \sqrt{\frac{1}{N_L} \sum (He_{ij}^{m})^2}\right) \tag{3-29}$$

$$\overline{\lim}(\widetilde{C}_{ij}^{k}) = ([\underline{Ex_{ij}^{kU}}, \overline{Ex_{ij}^{kU}}], En_{ij}^{kU}, He_{ij}^{kU}) = \frac{1}{N_U} \sum_m \widetilde{C}_{ij}^{m} \mid \widetilde{C}_{ij}^{m} \in \overline{apr}(\widetilde{C}_{ij}^{k})$$

$$= \left(\left[\frac{1}{N_U} \sum \underline{Ex_{ij}^{m}}, \frac{1}{N_U} \sum \overline{Ex_{ij}^{m}}\right], \sqrt{\frac{1}{N_U} \sum (En_{ij}^{m})^2}, \sqrt{\frac{1}{N_U} \sum (He_{ij}^{m})^2}\right) \tag{3-30}$$

于是将各区间云模型 $\widetilde{C}_{ij}^{k}$ 进一步转换为粗糙云模型 $R\widetilde{C}_{ij}^{k}=([\underline{Ex'_{ij}^{k}},$ $\overline{Ex'_{ij}^{k}}],En'_{ij}^{k},He'_{ij}^{k})$：

$$
\begin{aligned}
R\widetilde{C}_{ij}^{k} &= [\underline{\lim}(\widetilde{C}_{ij}^{k}),\overline{\lim}(\widetilde{C}_{ij}^{k})] \\
&= \Big([\min\{\underline{Ex_{ij}^{kL}},\ \underline{Ex_{ij}^{kU}}\},\max\{\overline{Ex_{ij}^{kL}},\ \overline{Ex_{ij}^{kU}}\}], \\
&\quad \sqrt{\frac{(En_{ij}^{kL})^2+(En_{ij}^{kU})^2}{2}},\sqrt{\frac{(He_{ij}^{kL})^2+(He_{ij}^{kU})^2}{2}}\Big)
\end{aligned}
\tag{3-31}
$$

4）集成所有专家评价,得到直接关系粗糙云矩阵 $\boldsymbol{A}$

对于每一个评价项 ij（需求 i 对需求 j 的影响程度）,这里使用算术平均值的方法来集成所有专家在同一评价项上的粗糙云模型 $R\widetilde{C}_{ij}^{k}$,具体计算公式为：

$$
\begin{aligned}
R\widetilde{C}(y_{ij}) &= ([\underline{Ex_{ij}},\ \overline{Ex_{ij}}],En_{ij},He_{ij}) \\
&= \Big(\Big[\frac{1}{K}\sum_{k=1}^{K}\underline{Ex'_{ij}^{k}},\frac{1}{K}\sum_{k=1}^{K}\overline{Ex'_{ij}^{k}}\Big],\sqrt{\frac{1}{K}\sum_{k=1}^{K}(En'_{ij}^{k})^2},\sqrt{\frac{1}{K}\sum_{k=1}^{K}(He'_{ij}^{k})^2}\Big)
\end{aligned}
\tag{3-32}
$$

由此,可以得到一个 $n\times n$ 的直接关系粗糙云矩阵 $\boldsymbol{A}$：

$$
=\begin{bmatrix}
0 & ([\underline{Ex_{12}},\overline{Ex_{12}}],En_{12},He_{12}) & \cdots & ([\underline{Ex_{1n}},\overline{Ex_{1n}}],En_{1n},He_{1n}) \\
([\underline{Ex_{21}},\overline{Ex_{21}}],En_{21},He_{21}) & 0 & \cdots & ([\underline{Ex_{2n}},\overline{Ex_{2n}}],En_{2n},He_{2n}) \\
\vdots & \vdots & & \vdots \\
([\underline{Ex_{n1}},\overline{Ex_{n1}}],En_{n1},He_{n1}) & ([\underline{Ex_{n2}},\overline{Ex_{n2}}],En_{n2},He_{n2}) & \cdots & 0
\end{bmatrix}
\tag{3-33}
$$

简写为 $\boldsymbol{A}=[a_{ij}]_{n\times n}=[([\underline{Ex_{ij}},\ \overline{Ex_{ij}}],En_{ij},He_{ij})]_{n\times n}$。

3.2.3　产品服务需求间相互影响关系的识别

1）计算归一化的直接关系粗糙云矩阵 $\boldsymbol{X}$

为了将矩阵 $\boldsymbol{A}$ 归一化为可比的粗糙云模型矩阵,这里采用线性尺度变换的思想,并基于式(3-13),计算归一化的直接关系粗糙云矩阵 $\boldsymbol{X}$,具体公式如式(3-34)所示,结果简写为 $\boldsymbol{X}=[x_{ij}]_{n\times n}=[([\underline{Ex_{ij}^{x}},\ \overline{Ex_{ij}^{x}}],En_{ij}^{x},He_{ij}^{x})]_{n\times n}$。

$$
\boldsymbol{X}=\frac{1}{\lambda}[([\underline{Ex_{ij}},\ \overline{Ex_{ij}}],En_{ij},He_{ij})]_{n\times n}
$$

$$= \left(\left[\frac{1}{\lambda} \underline{Ex_{1n}}, \frac{1}{\lambda} \overline{Ex_{1n}} \right], \frac{1}{\sqrt{\lambda}} En_{1n}, \frac{1}{\sqrt{\lambda}} He_{1n} \right)_{n \times n} \tag{3-34}$$

$$\lambda = \max_{1 \leqslant i \leqslant n} \left(\sum_{j=1}^{n} \overline{Ex_{ij}} \right) \tag{3-35}$$

2) 计算全关系粗糙云矩阵 $\boldsymbol{T}$

通过不断累加直接影响 $\boldsymbol{X}$ 和间接影响 $(\boldsymbol{X}, \boldsymbol{X}^2, \cdots, \boldsymbol{X}^n)$，可以得到全关系粗糙云矩阵 $\boldsymbol{T}$：

$$\boldsymbol{T} = \boldsymbol{X} + \boldsymbol{X}^2 + \cdots + \boldsymbol{X}^n = \boldsymbol{X}(\boldsymbol{I} - \boldsymbol{X})^{-1} \tag{3-36}$$

根据定义 2 介绍的区间云模型的算术运算规则，可以发现，$\underline{Ex_{ij}}$ 和 $\overline{Ex_{ij}}$ 在算术运算时是分开计算的，并且与数字的运算规则一致。因此，这里我们定义 $\boldsymbol{X}^{Ex^L}$ 和 $\boldsymbol{X}^{Ex^U}$ 如式(3-37)所示；由此，$\boldsymbol{T}^{Ex^L}$ 和 $\boldsymbol{T}^{Ex^U}$ 的计算公式如式(3-38)和式(3-39)所示，其中 $\boldsymbol{I}$ 是一个 $n \times n$ 的单位矩阵。

$$\boldsymbol{X}^{Ex^L} = \begin{bmatrix} 0 & \underline{Ex_{12}^x} & \cdots & \underline{Ex_{1n}^x} \\ \underline{Ex_{21}^x} & 0 & \cdots & \underline{Ex_{2n}^x} \\ \vdots & \vdots & & \vdots \\ \underline{Ex_{n1}^x} & \underline{Ex_{n2}^x} & \cdots & 0 \end{bmatrix}, \quad \boldsymbol{X}^{Ex^U} = \begin{bmatrix} 0 & \overline{Ex_{12}^x} & \cdots & \overline{Ex_{1n}^x} \\ \overline{Ex_{21}^x} & 0 & \cdots & \overline{Ex_{2n}^x} \\ \vdots & \vdots & & \vdots \\ \overline{Ex_{n1}^x} & \overline{Ex_{n2}^x} & \cdots & 0 \end{bmatrix} \tag{3-37}$$

$$\boldsymbol{T}^{Ex^L} = \boldsymbol{X}^{Ex^L} (\boldsymbol{I} - \boldsymbol{X}^{Ex^L})^{-1} = \begin{bmatrix} \underline{Ex_{11}^t} & \cdots & \underline{Ex_{1n}^t} \\ \vdots & & \vdots \\ \underline{Ex_{n1}^t} & \cdots & \underline{Ex_{nn}^t} \end{bmatrix} \tag{3-38}$$

$$\boldsymbol{T}^{Ex^U} = \boldsymbol{X}^{Ex^U} (\boldsymbol{I} - \boldsymbol{X}^{Ex^U})^{-1} = \begin{bmatrix} \overline{Ex_{11}^t} & \cdots & \overline{Ex_{1n}^t} \\ \vdots & & \vdots \\ \overline{Ex_{n1}^t} & \cdots & \overline{Ex_{nn}^t} \end{bmatrix} \tag{3-39}$$

但是，对于 $\boldsymbol{T}^{En}$ 和 $\boldsymbol{T}^{He}$，我们只能依照式(3-36)的计算原理，并结合区间云模型的算术运算规则[式(3-10)和式(3-12)]来进行计算，最终得到的全关系粗糙云矩阵 $\boldsymbol{T}$ 如式(3-40)所示，结果可简写为 $\boldsymbol{T} = [t_{ij}]_{n \times n} = [([\underline{Ex_{ij}^t}, \overline{Ex_{ij}^t}], En_{ij}^t, He_{ij}^t)]_{n \times n}$。

$$T = [t_{ij}]_{n \times n} = \begin{bmatrix} ([\underline{Ex_{11}^t}, \overline{Ex_{11}^t}], En_{11}^t, He_{11}^t) & \cdots & ([\underline{Ex_{1n}^t}, \overline{Ex_{1n}^t}], En_{1n}^t, He_{1n}^t) \\ \vdots & & \vdots \\ ([\underline{Ex_{n1}^t}, \overline{Ex_{n1}^t}], En_{n1}^t, He_{n1}^t) & \cdots & ([\underline{Ex_{nn}^t}, \overline{Ex_{nn}^t}], En_{nn}^t, He_{nn}^t) \end{bmatrix}$$

$$(3-40)$$

3) 计算各产品服务需求的影响度、被影响度、中心度和原因度的粗糙云程度

影响度、被影响度、中心度和原因度都是根据矩阵 T 中的值 t_{ij} 进一步计算得到的。

影响度 D_i 是矩阵 T 中的各行值之和,表示产品服务需求 i 对其他所有需求的综合影响值,计算公式为:

$$D_i = \sum_{j=1}^{n} t_{ij} = \left(\left[\sum_{j=1}^{n} \underline{Ex_{ij}^t}, \sum_{j=1}^{n} \overline{Ex_{ij}^t} \right], \sqrt{\sum_{j=1}^{n} (En_{ij}^t)^2}, \sqrt{\sum_{j=1}^{n} (He_{ij}^t)^2} \right)$$
$$= ([\underline{Ex_i^d}, \overline{Ex_i^d}], En_i^d, En_i^d) \tag{3-41}$$

被影响度 R_j 是矩阵 T 中的各列值之和,表示产品服务需求 j 受到其他所有需求影响的综合影响值,计算公式为:

$$R_j = \sum_{i=1}^{n} t_{ij} = \left(\left[\sum_{i=1}^{n} \underline{Ex_{ij}^t}, \sum_{i=1}^{n} \overline{Ex_{ij}^t} \right], \sqrt{\sum_{i=1}^{n} (En_{ij}^t)^2}, \sqrt{\sum_{i=1}^{n} (He_{ij}^t)^2} \right)$$
$$= ([\underline{Ex_j^r}, \overline{Ex_j^r}], En_j^r, En_j^r) \tag{3-42}$$

进一步地,可以确定每个产品服务需求的中心度 $(D_i + R_j)_i$ 和原因度 $(D_i - R_j)_i$,其中 $i = j$,它们分别显示了该产品服务需求 i 对整体产品服务的重要性和净效应。

$$(D_i + R_j)_i = ([\underline{Ex_i^d} + \underline{Ex_j^r}, \overline{Ex_i^d} + \overline{Ex_j^r}], \sqrt{(En_i^d)^2 + (En_j^r)^2},$$
$$\sqrt{(He_i^d)^2 + (He_j^r)^2}) = ([\underline{Ex_i^{d+r}}, \overline{Ex_i^{d+r}}], En_i^{d+r}, En_i^{d+r})$$
$$(3-43)$$

$$(D_i - R_j)_i = ([\underline{Ex_i^d} - \underline{Ex_j^r}, \overline{Ex_i^d} - \overline{Ex_j^r}], \sqrt{(En_i^d)^2 + (En_j^r)^2},$$
$$\sqrt{(He_i^d)^2 + (He_j^r)^2}) = ([\underline{Ex_i^{d-r}}, \overline{Ex_i^{d-r}}], En_i^{d-r}, En_i^{d-r})$$
$$(3-44)$$

3.2.4 粗糙云程度的数值确定

1) 计算各粗糙云程度的主观数值

对于产品服务需求 i，其中心度和原因度的粗糙云程度的主观数值的计算公式为：

$$a_i^{s(D+R)} = Ex_i^{(d+r)} = \frac{\underline{Ex_i^{d+r}} + \overline{Ex_i^{d+r}}}{2} \tag{3-45}$$

$$a_i^{s(D-R)} = Ex_i^{(d-r)} = \frac{\underline{Ex_i^{d-r}} + \overline{Ex_i^{d-r}}}{2} \tag{3-46}$$

2) 计算各粗糙云程度的客观数值

基于统计方差的概念以及定义 2 和定义 3 中的相关公式，对于产品服务需求 i，其中心度的粗糙云程度的客观数值的计算公式为：

$$R\widetilde{C}\big[(D_i + R_j)_i\big]_{\text{mean}} = \frac{1}{n}\sum_{i=1}^{n} R\widetilde{C}\big[(D_i + R_j)_i\big]$$

$$= \left(\left[\frac{1}{n}\sum_{i=1}^{n}\underline{Ex_i^{d+r}}, \frac{1}{n}\sum_{i=1}^{n}\overline{Ex_i^{d+r}}\right], \sqrt{\frac{1}{n}\sum_{i=1}^{n}(En_i^{d+r})^2},\right.$$

$$\left.\sqrt{\frac{1}{n}\sum_{i=1}^{n}(He_i^{d+r})^2}\right) \tag{3-47}$$

$$V_i^{D+R} = d\big[R\widetilde{C}((D_i + R_j)_i), R\widetilde{C}((D_i + R_j)_i)_{\text{mean}}\big] \tag{3-48}$$

$$a_i^{o(D+R)} = V_i^{D+R} / \sum_{i=1}^{n} V_i^{D+R} \tag{3-49}$$

其原因度的粗糙云程度的客观数值的计算公式为：

$$R\widetilde{C}\big[(D_i - R_j)_i\big]_{\text{mean}} = \frac{1}{n}\sum_{i=1}^{n} R\widetilde{C}\big[(D_i - R_j)_i\big]$$

$$= \left(\left[\frac{1}{n}\sum_{i=1}^{n}\underline{Ex_i^{d-r}}, \frac{1}{n}\sum_{i=1}^{n}\overline{Ex_i^{d-r}}\right], \sqrt{\frac{1}{n}\sum_{i=1}^{n}(En_i^{d-r})^2},\right.$$

$$\left.\sqrt{\frac{1}{n}\sum_{i=1}^{n}(He_i^{d-r})^2}\right) \tag{3-50}$$

$$V_i^{D-R} = d\big\{R\widetilde{C}\big[(D_i - R_j)_i\big], R\widetilde{C}\big[(D_i - R_j)_i\big]_{\text{mean}}\big\} \tag{3-51}$$

$$a_i^{o(D-R)} = V_i^{D-R} / \sum_{i=1}^{n} V_i^{D-R} \tag{3-52}$$

3) 计算各粗糙云程度的综合数值

由此,对于产品服务需求 i,其中心度和原因度的粗糙云程度的综合数值的计算公式为:

$$a_i^{D+R} = a_i^{o(D+R)} \times a_i^{s(D+R)} \qquad (3-53)$$

$$a_i^{D-R} = a_i^{o(D-R)} \times a_i^{s(D-R)} \qquad (3-54)$$

3.2.5 产品服务需求的排序与分类

1) 生成产品服务需求的因果关系图

根据式(3-53)和式(3-54)的计算结果,我们有:

(1) 当 $a_i^{D+R} > \mathrm{avg}(a_i^{D+R} \mid i=1,2,\cdots,n)$ 时,需求 i 是一个高影响度需求;

(2) 当 $a_i^{D+R} < \mathrm{avg}(a_i^{D+R} \mid i=1,2,\cdots,n)$ 时,需求 i 是一个低影响度需求;

(3) 当 $a_i^{D-R} > 0$ 时,表示需求 i 主要在影响其他需求,是一个原因需求;

(4) 当 $a_i^{D-R} < 0$ 时,表示需求 i 更多地会被其他需求所影响,是一个结果需求。

由此,可以作出产品服务需求的因果关系图,如图3-3所示。

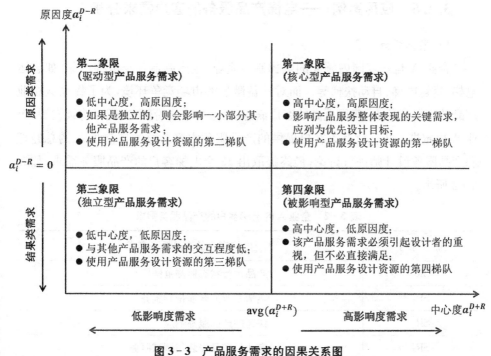

图3-3 产品服务需求的因果关系图

2）产品服务需求的排序与分类

在因果关系图中，我们将产品服务需求划分为四大类，分别是"核心型""驱动型""独立型"和"被影响型"，为揭示这些需求不同的重要性和存在的必要性，关于这四个类别的详细解释说明如图3-3所示。

由此，根据需求在因果关系图中所处的象限位置，可以得到需求的设计与服务配置优先级排序。首先，这些需求的优先级顺序为：① 第一象限（核心型产品服务需求）；② 第二象限（驱动型产品服务需求）；③ 第三象限（独立型产品服务需求）；④ 第四象限（被影响型产品服务需求）。其次，在每个类别里，各需求具体的服务设计与配置优先级顺序依据 a_i^{D+R} 值的大小，即 a_i^{D+R} 越大，其优先级就越高，排序就越靠前。

实际中，客户的产品服务需求种类各异、数量繁多，然而受服务设计资源（如资金、物资、人员等）的约束，企业常常无法满足所有的客户需求。本节提出的这种需求排序与分类方法能够为企业提供更精确、有效、详细和有针对性的信息支持，帮助企业找准关键需求，优化服务设计资源的利用，设计和配置出更好的产品服务以满足客户的实际需求。

3.2.6 应用案例——电梯产品服务的客户需求分析

1）案例背景简介

企业 A 是一家国内领先的电梯制造企业，生产制造各类电梯产品，如客运电梯、货运电梯、自动扶梯等。面对日益激烈的市场竞争环境，为了提高该企业产品的市场竞争力、获得更高的客户满意度、增加市场份额、实现可持续发展，企业 A 决定进一步优化其为客户提供的产品服务内容。通过与企业 A 的总经理和产品服务设计师进行讨论，最终提取出 13 个电梯客户的产品服务需求，如表3-2 所示。

表 3-2　企业 A 的电梯客户的产品服务需求

需求标号	电梯客户的产品服务需求
SR_1	产品运行状态监测范围广
SR_2	热情专业的购前指导服务
SR_3	快速的产品服务响应
SR_4	专业的产品安装与调试服务

（续表）

需求标号	电梯客户的产品服务需求
SR_5	产品使用培训
SR_6	物流迅速、产品无损
SR_7	定期的产品维护与优化升级
SR_8	确保产品安全、高效运行
SR_9	准确的产品故障诊断
SR_{10}	及时、可靠的产品维修服务
SR_{11}	产品退换货保证
SR_{12}	产品备件库存充足
SR_{13}	客户意见处理中心

2) 实际应用与结果分析

本案例中，我们邀请了 5 位专家组成专家组，其中包括企业 A 的客户代表 2 名、产品服务设计师 2 名、总经理 1 名，他们都有至少 6 年的相关工作经验，因此非常有资格给出个人评价。专家们根据评价标度 $S = \{s_0 = 没有影响（N），s_1 = 影响程度低（L），s_2 = 影响程度中等（M），s_3 = 影响程度高（H），s_4 = 影响程度极高（E）\}$，对这 13 个产品服务需求之间的影响程度进行两两比较，给出区间模糊评价。由于篇幅限制，只展示了专家 1 的区间评价矩阵结果，如表 3-3 所示，表中如第 3 行第 1 列的"[L，M]"表示：专家 1 对于需求 3 对需求 1 的影响程度评价为"低到中等之间"。之后，根据式（3-26），将原始的专家评价转换为相应的区间云模型，部分结果如表 3-4 所示，同样还是以第 3 行第 1 列的"（[0.25，0.5]，0.034，0.013）"为例，其表示专家 1 对于需求 3 对需求 1 影响程度的评价"[L，M]"的区间云模型，其中各数值的具体解释如下。

（1）[0.25，0.5]：表示该区间云模型的数学期望区间值，即评价"[L，M]"的横坐标范围；

（2）0.034：表示该云模型中各云滴的分散程度，反映了该定性概念"影响程度在低到中等之间"的随机性和模糊性；

（3）0.013：表示该云模型的厚度，反映了隶属度的不确定度。

接着，利用式（3-27）至式（3-31），将各专家评价进一步转换为相应的粗糙云模型。由于篇幅有限，表 3-5 仅列举了 5 位专家的 SR_i 对 SR_1 影响程度的评价的粗糙云模型,各粗糙云模型的具体数值解释与上面类似。然后利用式(3-32)和式(3-33)集成所有专家评价,得到直接关系粗糙云矩阵 A,部分如表3-6所示。

之后,利用式(3-34)和式(3-35),计算得出归一化的直接关系粗糙云矩阵 X,部分结果如表3-7所示。根据式(3-36)至式(3-40),计算全关系粗糙云矩阵 T,这里取 $n=500$,计算过程由 Python 实现,部分结果如表3-8所示。然后,基于全关系粗糙云矩阵 T 和式(3-41)至式(3-44),计算得出各电梯产品服务需求 SR_i 的影响度、被影响度、中心度和原因度的粗糙云程度。

接着,根据式(3-45)和式(3-46),计算得出各电梯产品服务需求 SR_i 的中心度和原因度的粗糙云程度的主观数值;根据式(3-47)至式(3-52),得到各电梯产品服务需求 SR_i 的中心度和原因度的粗糙云程度的客观数值;利用式(3-53)和式(3-54),计算出各电梯产品服务需求 SR_i 的中心度和原因度的粗糙云程度的综合数值,最终计算结果如表3-9所示。

最后,根据各电梯产品服务需求的中心度 a_i^{D+R} 和原因度 a_i^{D-R},作出电梯产品服务需求的因果关系图,如图3-4所示。根据这13个电梯产品服务需求在图3-4中所处的象限位置,可以得出它们的分类结果。

(1) 核心型电梯产品服务需求:SR_1,SR_4,SR_5,SR_7;

(2) 驱动型电梯产品服务需求:SR_2,SR_6,SR_{13};

(3) 独立型电梯产品服务需求:SR_9,SR_{10},SR_{11},SR_{12};

(4) 被影响型电梯产品服务需求:SR_3,SR_8。

进一步地,根据上述需求分类结果和 a_i^{D+R} 的大小,得出各电梯产品服务需求的服务设计与配置优先级排序为:SR_1(产品运行状态监测范围广)>SR_4(专业的产品安装与调试服务)> SR_5(产品使用培训)>SR_7(定期的产品维护与优化升级)>SR_{13}(客户意见处理中心)>SR_2(热情专业的购前指导服务)>SR_6(物流迅速、产品无损)>SR_9(准确的产品故障诊断)>SR_{10}(及时、可靠的产品维修服务)>SR_{11}(产品退换货保证)> SR_{12}(产品备件库存充足)> SR_3(快速的产品服务响应)>SR_8(确保产品安全、高效运行),如表3-9所示。

因此,对于企业 A,需依照优先级排序结果,合理分配服务设计资源的使用倾向与额度,以设计和配置出更能满足客户实际需求的产品服务,进而帮助提高客户对其产品的满意度和忠诚度,增强产品的市场竞争力。例如 SR_1(产品运行状态监测范围广)、SR_4(专业的产品安装与调试服务)、SR_5(产品使用培训)和 SR_7(定期的产品维护与优化升级)都是客户对电梯产品最关键、最根本的服务

表 3 - 3　专家 1 的区间评价矩阵

	SR₁	SR₂	SR₃	SR₄	SR₅	SR₆	SR₇	SR₈	SR₉	SR₁₀	SR₁₁	SR₁₂	SR₁₃
SR₁	0	[M, M]	[H, E]	[M, M]	[M, M]	[L, L]	[L, M]	[L, M]	[N, L]	[L, M]	[L, M]	[L, L]	[L, M]
SR₂	[N, N]	0	[H, E]	[M, H]	[M, H]	[L, M]	[L, M]	[H, E]	[L, M]	[L, M]	[M, M]	[L, M]	[M, M]
SR₃	[L, M]	[L, M]	0	[M, M]	[M, H]	[M, H]	[M, M]	[H, H]	[L, M]	[N, L]	[H, E]	[M, M]	[M, M]
SR₄	[N, N]	[N, N]	[M, H]	0	[M, M]	[L, L]	[N, L]	[E, E]	[M, M]	[M, M]	[N, L]	[N, L]	[N, N]
SR₅	[N, L]	[N, N]	[H, E]	[M, M]	0	[N, L]	[M, M]	[E, E]	[M, E]	[M, E]	[N, L]	[L, L]	[N, N]
SR₆	[N, L]	[N, N]	[L, M]	[N, L]	[N, N]	0	[H, H]	[H, E]	[H, E]	[H, E]	[M, H]	[H, E]	[H, H]
SR₇	[N, N]	[N, N]	[H, E]	[N, L]	[N, N]	[L, M]	0	[H, E]	[L, M]	[N, L]	[M, M]	[M, M]	[N, N]
SR₈	[N, N]	[N, N]	[M, E]	[N, N]	[N, L]	[N, N]	[N, N]	0	[N, N]	[N, N]	[M, H]	[N, N]	[N, N]
SR₉	[N, N]	[N, N]	[H, E]	[N, L]	[N, L]	[N, L]	[M, H]	[H, E]	0	[H, E]	[L, L]	[M, H]	[N, N]
SR₁₀	[N, L]	[N, L]	[M, M]	[N, N]	[N, L]	[N, N]	[N, L]	[H, E]	[M, E]	0	[M, E]	[M, H]	[N, N]
SR₁₁	[N, N]	[N, N]	[M, M]	[N, L]	[N, N]	[M, M]	[N, L]	[H, E]	[N, N]	[M, E]	0	[H, H]	[N, N]
SR₁₂	[N, N]	[L, M]	[L, M]	[M, M]	[M, M]	[M, M]	[M, M]	[M, M]	[M, M]	[M, M]	[N, L]	0	[N, L]
SR₁₃	[N, N]	[L, L]	[L, M]	[M, M]	[M, M]	[M, M]	[N, N]	[M, M]	[L, M]	[N, L]	[M, H]	[H, H]	0

表 3-4 专家 1 评价结果的区间云模型矩阵

	SR_1	SR_2	SR_3	...	SR_{13}
SR_1	([0, 0], 0, 0)	([0.5, 0.5], 0.025, 0.01)	([0.75, 1], 0.056, 0.022)	...	([0.5, 0.5], 0.025, 0.01)
SR_2	([0, 0], 0.067, 0.026)	([0, 0], 0, 0)	([0.75, 1], 0.056, 0.022)	...	([0.5, 0.5], 0.025, 0.01)
SR_3	([0.25, 0.5], 0.034, 0.013)	([0.5, 0.5], 0.025, 0.01)	([0, 0], 0, 0)	...	([0.5, 0.5], 0.025, 0.01)
SR_4	([0, 0], 0.067, 0.026)	([0, 0], 0.067, 0.026)	([0.5, 0.75], 0.034, 0.013)	...	([0, 0], 0.067, 0.026)
SR_5	([0, 0.25], 0.056, 0.022)	([0, 0], 0.067, 0.026)	([0.75, 1], 0.056, 0.022)	...	([0, 0], 0.067, 0.026)
SR_6	([0, 0.25], 0.056, 0.022)	([0, 0], 0.067, 0.026)	([0.25, 0.5], 0.034, 0.013)	...	([0.75, 0.75], 0.041, 0.016)
SR_7	([0, 0], 0.067, 0.026)	([0, 0], 0.067, 0.026)	([0.5, 0.5], 0.025, 0.01)	...	([0, 0], 0.067, 0.026)
SR_8	([0, 0], 0.067, 0.026)	([0, 0], 0.067, 0.026)	([0.75, 1], 0.056, 0.022)	...	([0, 0], 0.067, 0.026)
SR_9	([0, 0], 0.067, 0.026)	([0, 0], 0.067, 0.026)	([0.5, 1], 0.051, 0.02)	...	([0, 0], 0.067, 0.026)
SR_{10}	([0, 0], 0.067, 0.026)	([0, 0], 0.067, 0.026)	([0.75, 1], 0.056, 0.022)	...	([0, 0], 0.067, 0.026)
SR_{11}	([0, 0.25], 0.056, 0.022)	([0, 0.25], 0.056, 0.022)	([0.5, 0.5], 0.025, 0.01)	...	([0, 0], 0.067, 0.026)
SR_{12}	([0, 0], 0.067, 0.026)	([0.25, 0.25], 0.034, 0.013)	([0.5, 0.5], 0.025, 0.01)	...	([0, 0.25], 0.056, 0.022)
SR_{13}	([0, 0], 0.067, 0.026)	([0.25, 0.25], 0.041, 0.016)	([0.25, 0.5], 0.034, 0.013)	...	([0, 0], 0, 0)

表 3-5　5 位专家评价结果的粗糙云模型（以 SR_4 对 SR_1 的影响程度为例）

	专家 1	专家 2	专家 3	专家 4	专家 5
SR_1	([0, 0], 0, 0)	([0, 0], 0, 0)	([0, 0], 0, 0)	([0, 0], 0, 0)	([0, 0], 0, 0)
SR_2	([0, 0.2], 0.062, 0.024)	([0, 0.2], 0.062, 0.024)	([0, 0.333], 0.056, 0.022)	([0, 0.05, 0.5], 0.047, 0.018)	([0, 0.333], 0.056, 0.022)
SR_3	([0.188, 0.375], 0.036, 0.014)	([0.25, 0.4], 0.039, 0.015)	([0.25, 0.4], 0.039, 0.015)	([0.25, 0.5], 0.035, 0.014)	([0.25, 0.5], 0.035, 0.014)
SR_4	([0, 0.2], 0.06, 0.023)	([0, 0.25], 0.054, 0.021)	([0.1, 0.25], 0.047, 0.018)	([0, 0.25], 0.054, 0.021)	([0.1, 0.25], 0.047, 0.018)
SR_5	([0, 0.25], 0.06, 0.023)	([0, 0.25], 0.053, 0.021)	([0.1, 0.25], 0.046, 0.018)	([0, 0.25], 0.053, 0.021)	([0.1, 0.25], 0.046, 0.018)
SR_6	([0, 0.25], 0.053, 0.021)	([0, 0.25], 0.053, 0.021)	([0.1, 0.25], 0.046, 0.018)	([0, 0.25], 0.053, 0.021)	([0.1, 0.25], 0.046, 0.018)
SR_7	([0, 0.1], 0.065, 0.025)	([0, 0.1], 0.065, 0.025)	([0, 0.25], 0.059, 0.023)	([0, 0.25], 0.059, 0.023)	([0, 0.25], 0.062, 0.024)
SR_8	([0, 0], 0.067, 0.026)	([0, 0], 0.067, 0.026)	([0, 0], 0.067, 0.026)	([0, 0], 0.067, 0.026)	([0, 0], 0.067, 0.026)
SR_9	([0, 0], 0.067, 0.026)	([0, 0], 0.067, 0.026)	([0, 0], 0.067, 0.026)	([0, 0], 0.067, 0.026)	([0, 0], 0.067, 0.026)
SR_{10}	([0, 0], 0.067, 0.026)	([0, 0], 0.067, 0.026)	([0, 0], 0.067, 0.026)	([0, 0], 0.067, 0.026)	([0, 0], 0.067, 0.026)
SR_{11}	([0, 0.25], 0.059, 0.023)	([0, 0.1], 0.065, 0.025)	([0, 0.1], 0.065, 0.025)	([0, 0.25], 0.059, 0.023)	([0, 0.25], 0.062, 0.024)
SR_{12}	([0, 0.05], 0.066, 0.026)	([0, 0.05], 0.066, 0.026)	([0, 0.05], 0.066, 0.026)	([0, 0.25], 0.06, 0.023)	([0, 0.25], 0.062, 0.024)
SR_{13}	([0, 0.1], 0.064, 0.025)	([0, 0.1], 0.064, 0.025)	([0, 0.25], 0.057, 0.022)	([0.05, 0.25], 0.052, 0.02)	([0, 0.25], 0.059, 0.023)

表 3-6 集成 5 位专家评价的直接关系粗糙云矩阵 A

	SR_1	SR_2	SR_3	...	SR_{13}
SR_1	([0, 0], 0, 0)	([0.18, 0.46], 0.04, 0.016)	([0.645, 0.968], 0.049, 0.019)	...	([0.5, 0.66], 0.029, 0.011)
SR_2	([0.01, 0.313], 0.057, 0.022)	([0, 0], 0, 0)	([0.84, 1], 0.063, 0.024)	...	([0.5, 0.71], 0.031, 0.012)
SR_3	([0.238, 0.435], 0.037, 0.015)	([0.41, 0.5], 0.027, 0.011)	([0, 0], 0, 0)	...	([0.5, 0.74], 0.032, 0.013)
SR_4	([0.04, 0.24], 0.053, 0.021)	([0, 0], 0.067, 0.026)	([0.623, 0.96], 0.048, 0.019)	...	([0, 0], 0.067, 0.026)
SR_5	([0.04, 0.25], 0.052, 0.02)	([0, 0], 0.067, 0.026)	([0.577, 0.923], 0.045, 0.018)	...	([0, 0], 0.067, 0.026)
SR_6	([0.04, 0.25], 0.05, 0.02)	([0, 0], 0.067, 0.026)	([0.26, 0.46], 0.035, 0.014)	...	([0.75, 0.91], 0.047, 0.018)
SR_7	([0, 0.19], 0.062, 0.024)	([0, 0], 0.067, 0.026)	([0.41, 0.5], 0.027, 0.011)	...	([0, 0], 0.067, 0.026)
SR_8	([0, 0], 0.067, 0.026)	([0, 0], 0.067, 0.026)	([0.84, 1], 0.063, 0.024)	...	([0, 0], 0.067, 0.026)
SR_9	([0, 0], 0.067, 0.026)	([0, 0], 0.067, 0.026)	([0.5, 0.71], 0.031, 0.012)	...	([0, 0], 0.067, 0.026)
SR_{10}	([0, 0], 0.067, 0.026)	([0, 0], 0.067, 0.026)	([0.54, 0.91], 0.044, 0.017)	...	([0, 0], 0.067, 0.026)
SR_{11}	([0, 0.19], 0.062, 0.024)	([0, 0.16], 0.063, 0.024)	([0.41, 0.5], 0.027, 0.011)	...	([0, 0], 0.067, 0.026)
SR_{12}	([0, 0.13], 0.064, 0.025)	([0.25, 0.46], 0.037, 0.014)	([0.41, 0.5], 0.027, 0.011)	...	([0.01, 0.25], 0.053, 0.021)
SR_{13}	([0.01, 0.19], 0.059, 0.023)	([0.09, 0.24], 0.05, 0.02)	([0.26, 0.5], 0.032, 0.013)	...	([0, 0], 0, 0)

表 3 - 7　电梯产品服务需求的归一化直接关系粗糙云矩阵 X

	SR₁	SR₂	SR₃	...	SR₁₃
SR₁	([0, 0], 0, 0)	([0.025, 0.064], 0.015, 0.006)	([0.089, 0.134], 0.018, 0.007)	...	([0.069, 0.091], 0.011, 0.004)
SR₂	([0.001, 0.043], 0.021, 0.008)	([0, 0], 0, 0)	([0.116, 0.138], 0.023, 0.009)	...	([0.069, 0.098], 0.012, 0.004)
SR₃	([0.033, 0.06], 0.014, 0.006)	([0.057, 0.069], 0.01, 0.004)	([0, 0], 0, 0)	...	([0.069, 0.102], 0.012, 0.005)
SR₄	([0.006, 0.033], 0.02, 0.008)	([0, 0], 0.025, 0.01)	([0.086, 0.133], 0.018, 0.007)	...	([0, 0], 0.025, 0.01)
SR₅	([0.006, 0.035], 0.019, 0.007)	([0, 0], 0.025, 0.01)	([0.08, 0.128], 0.017, 0.007)	...	([0, 0], 0.025, 0.01)
SR₆	([0.006, 0.035], 0.019, 0.007)	([0, 0], 0.025, 0.01)	([0.036, 0.064], 0.013, 0.005)	...	([0.104, 0.126], 0.017, 0.007)
SR₇	([0, 0.026], 0.023, 0.009)	([0, 0], 0.025, 0.01)	([0.057, 0.069], 0.01, 0.004)	...	([0, 0], 0.025, 0.01)
SR₈	([0, 0], 0.025, 0.01)	([0, 0], 0.025, 0.01)	([0.116, 0.138], 0.023, 0.009)	...	([0, 0], 0.025, 0.01)
SR₉	([0, 0], 0.025, 0.01)	([0, 0], 0.025, 0.01)	([0.069, 0.098], 0.012, 0.004)	...	([0, 0], 0.025, 0.01)
SR₁₀	([0, 0], 0.025, 0.01)	([0, 0], 0.025, 0.01)	([0.075, 0.126], 0.016, 0.006)	...	([0, 0], 0.025, 0.01)
SR₁₁	([0, 0.026], 0.023, 0.009)	([0, 0.022], 0.023, 0.009)	([0.057, 0.069], 0.01, 0.004)	...	([0, 0], 0.025, 0.01)
SR₁₂	([0, 0.018], 0.024, 0.009)	([0.035, 0.064], 0.014, 0.005)	([0.057, 0.069], 0.01, 0.004)	...	([0.001, 0.035], 0.02, 0.008)
SR₁₃	([0.001, 0.026], 0.022, 0.009)	([0.012, 0.033], 0.019, 0.007)	([0.036, 0.069], 0.012, 0.005)	...	([0, 0], 0, 0)

表 3 - 8 电梯产品服务需求的全关系粗糙云矩阵 T

	SR_1	SR_2	SR_3	...	SR_{13}
SR_1	([0.005, 0.056], 0.005, 0.002)	([0.035, 0.111], 0.016, 0.006)	([0.134, 0.333], 0.019, 0.007)	...	([0.083, 0.16], 0.012, 0.005)
SR_2	([0.008, 0.106], 0.022, 0.009)	([0.013, 0.059], 0.007, 0.003)	([0.178, 0.383], 0.024, 0.009)	...	([0.084, 0.175], 0.014, 0.005)
SR_3	([0.036, 0.115], 0.015, 0.006)	([0.064, 0.118], 0.012, 0.005)	([0.061, 0.233], 0.007, 0.003)	...	([0.082, 0.17], 0.014, 0.005)
SR_4	([0.011, 0.074], 0.02, 0.008)	([0.009, 0.039], 0.026, 0.01)	([0.132, 0.297], 0.019, 0.008)	...	([0.014, 0.056], 0.026, 0.01)
SR_5	([0.01, 0.077], 0.02, 0.008)	([0.01, 0.042], 0.026, 0.01)	([0.129, 0.312], 0.018, 0.007)	...	([0.011, 0.059], 0.026, 0.01)
SR_6	([0.01, 0.086], 0.02, 0.008)	([0.013, 0.057], 0.026, 0.01)	([0.113, 0.296], 0.016, 0.006)	...	([0.114, 0.188], 0.019, 0.007)
SR_7	([0.004, 0.058], 0.024, 0.009)	([0.008, 0.034], 0.025, 0.01)	([0.098, 0.21], 0.013, 0.005)	...	([0.013, 0.048], 0.026, 0.01)
SR_8	([0.004, 0.021], 0.025, 0.01)	([0.008, 0.022], 0.025, 0.01)	([0.127, 0.19], 0.025, 0.009)	...	([0.01, 0.027], 0.025, 0.01)
SR_9	([0.004, 0.035], 0.026, 0.01)	([0.01, 0.037], 0.026, 0.01)	([0.117, 0.244], 0.014, 0.006)	...	([0.01, 0.046], 0.026, 0.01)
SR_{10}	([0.004, 0.033], 0.025, 0.01)	([0.01, 0.035], 0.025, 0.01)	([0.115, 0.25], 0.018, 0.007)	...	([0.009, 0.045], 0.026, 0.01)
SR_{11}	([0.003, 0.056], 0.024, 0.009)	([0.008, 0.054], 0.024, 0.009)	([0.09, 0.204], 0.013, 0.005)	...	([0.007, 0.041], 0.026, 0.01)
SR_{12}	([0.003, 0.049], 0.024, 0.009)	([0.041, 0.092], 0.014, 0.005)	([0.093, 0.203], 0.012, 0.005)	...	([0.011, 0.076], 0.021, 0.008)
SR_{13}	([0.006, 0.076], 0.023, 0.009)	([0.023, 0.08], 0.019, 0.008)	([0.093, 0.267], 0.014, 0.005)	...	([0.013, 0.066], 0.007, 0.003)

表 3 - 9　电梯产品服务需求的计算结果

需求	中心度 $a_i^{(D+R)}$	原因度 $a_i^{(D-R)}$	因果关系图中所处的象限	服务设计与配置的优先级排序
SR$_1$	0.147 132	0.078 645	1	1
SR$_2$	0.066 782	0.102 882	2	6
SR$_3$	0.207 731	−0.059 439	4	12
SR$_4$	0.126 323	0.033 681	1	2
SR$_5$	0.092 131	0.039 636	1	3
SR$_6$	0.034 919	0.099 134	2	7
SR$_7$	0.091 263	0.003 461	1	4
SR$_8$	0.176 305	−0.129 219	4	13
SR$_9$	0.035 684	−0.006 395	3	8
SR$_{10}$	0.030 518	−0.046 266	3	9
SR$_{11}$	0.021 698	−0.056 12	3	10
SR$_{12}$	0.011 863	−0.046 323	3	11
SR$_{13}$	0.069 11	0.056 213	2	5

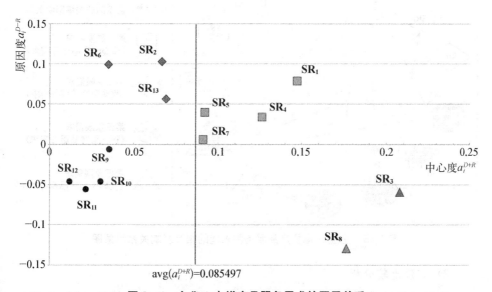

图 3 - 4　企业 A 电梯产品服务需求的因果关系

诉求,因此企业 A 需要给予充分的关注与满足,保证服务质量的同时也尽量在具体的服务细节上做出创新,与其他电梯制造企业形成差异化。SR_{13}(客户意见处理中心)、SR_2(热情专业的购前指导服务)和 SR_6(物流迅速、产品无损)也是客户比较在意的产品服务内容,并且是在因果关系图中位于上半部分的"原因类需求",因此企业 A 也需要给予一定程度的满足。其余 6 个需求都是"结果类需求",企业 A 可根据其服务设计资源的剩余情况,按序决定是否给予满足以及满足程度如何。

图 3-5 展示的是这 13 个电梯产品服务需求间关键的相互影响关系,其中,连线的起始端表示"影响者",箭头端表示"被影响者",图标形状和颜色与图 3-4 一一对应。不难发现,第一象限需求作为"影响者"的关键影响关系最多且最复杂,也充分印证了第一象限需求应该优先被设计和满足。此外,在本章引言中提到的 4 个电梯产品服务需求分别对应这里的 SR_1、SR_{10}、SR_5 和 SR_8,图 3-5 中显示:SR_1 和 SR_5 是第一象限需求,SR_{10} 是第三象限需求,SR_8 是第四象限需求,且 SR_1 和 SR_5 都对 SR_8 有着关键影响关系,因此 SR_1、SR_{10}、SR_5 的服务设计与配置优先级高于 SR_8,这也充分证明了该方法的科学合理性和有效性。

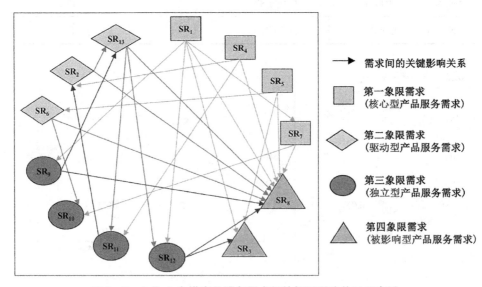

图 3-5 企业 A 电梯产品服务需求间的相互影响关系示意图

3) 方法比较分析

为了验证本章所提出的粗糙云 DEMATEL 方法的有效性,这里将传统

DEMATEL方法、三角模糊DEMATEL方法和粗糙模糊DEMATEL-ANP方法与本章方法进行了对比,结果如表3-10所示。

表3-10 不同方法的对比

方 法	专家评价形式	隶 属 度	处理区间模糊性
粗糙云DEMATEL	区间模糊值	云模型	√
传统DEMATEL	单个非负整数	×	×
三角模糊DEMATEL	单个非负实数	三角模糊数	×
粗糙模糊DEMATEL-ANP	单个模糊值	三角模糊标度	×

图3-6展示的是云模型和三角模糊函数各自在评价值隶属度上的对比情况,横轴表示影响程度大小,最大为1,最小为0;纵轴代表隶属度。很显然,本方法中评价值[M,M]的云模型是以0.5为中心的一系列离散点,其隶属度具有随机性;而在三角模糊函数中,评价值0.5只有唯一的非零隶属度。因此本方法对模糊的解释更科学合理,能更充分地理解专家评价的真实意图。

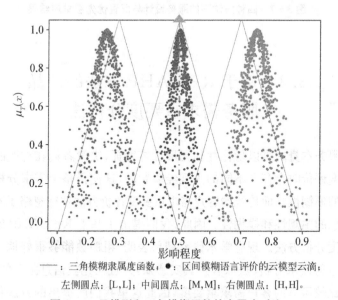

——:三角模糊隶属度函数;●:区间模糊语言评价的云模型云滴;
左侧圆点:[L,L];中间圆点:[M,M];右侧圆点:[H,H]。

图3-6 云模型和三角模糊函数的隶属度对比

同时,应用传统DEMATEL方法、三角模糊DEMATEL方法和粗糙模糊DEMATEL-ANP对企业A电梯产品服务需求进行了分析。在评价过程中,专家们经常反映无法对影响程度进行精确量化,对只能给出单个评价值也感到犹豫和不确定,因此也验证了本方法的评价形式更人性化,更便于专家表达内心的真实想法和判断。四种方法下的服务设计与配置优先级排序结果如图 3 - 7 所示,可以发现其中存在不少差异。但当专家组复盘排序结果时,表示本方法的结果更符合实际情况和其预期判断,这主要是因为另外三种方法不能处理专家评价的区间模糊性,导致对专家真实意图的理解和挖掘出现偏差。

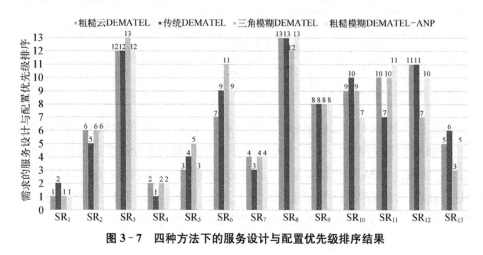

图 3 - 7　四种方法下的服务设计与配置优先级排序结果

3.3　基于 R - GAHP 方法的产品服务需求重要度分析法

由于服务本身的难以量化性和无形性等特征,决策者们在对产品服务需求进行重要度评价时会存在不同的主观经验判断,这使得整个需求分析过程中会存在很大的模糊性。而传统的客户需求重要度评价方法往往忽略了不确定环境下决策信息的主观性和模糊性。因此,我们提出了基于 R - GAHP 的产品服务需求重要度分析方法。现有学术研究结果表明,粗糙数能够很好地帮助产品服务设计师进行需求分析、获取客户真实感知,并且在先验信息匮乏的情况下,依然能得到比较可靠的客户需求重要度,因此这里我们所提出的方法将能够有效处理客户需求评价过程中的不确定信息,得到准确合理的产品服务需求重要度排序结果,进而帮助产品服务设计师正确把握产品服务的设计方向,提高设计效率。

基于 R - GAHP 方法的产品服务需求重要度分析流程如图 3 - 8 所示,该方法的核心思想是:利用基于粗糙层次分析法的需求重要度分析模型得出各项客户需求的重要度,从而得到以粗糙区间表达的产品服务需求的重要度和优先级排序。具体步骤在以下章节进行具体说明。

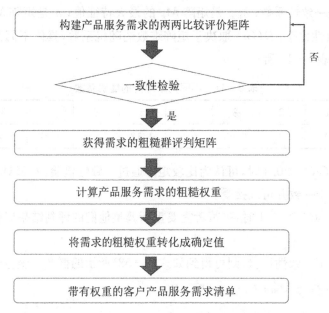

图 3 - 8　基于 R - GAHP 方法的产品服务需求重要度分析流程

3.3.1　需求比较矩阵及其一致性检验

邀请相关专家组成产品服务需求评价团队,并对产品服务需求进行两两比较,以此获得确定值形式的评价矩阵,第 k 个专家的需求比较矩阵 M_k 表示如下:

$$M_k = \begin{bmatrix} 1 & r_{12}^k & \cdots & r_{1n}^k \\ r_{21}^k & 1 & \cdots & r_{2n}^k \\ \vdots & \vdots & & \vdots \\ r_{n1}^k & r_{n2}^k & \cdots & 1 \end{bmatrix}, \ k = 1, 2, \cdots, m \qquad (3-55)$$

其中,r_{ij}^k 是第 k 个专家做出的第 i 个产品服务需求相对于第 j 个产品服务需求的重要程度判断值,可以取 1~9 分来表示,1 表示极其不重要,9 表示绝对重要;m 是专家团队的人数;n 是产品服务需求的数量。

进行一致性检验的计算方法如下:

$$CI = \frac{\lambda_{\max} - n}{n - 1} \qquad (3-56)$$

$$CR^* = \frac{CI}{RI(n)} \qquad (3-57)$$

其中，CI 是一致性系数；λ_{max} 是矩阵 M_k 的最大特征值；n 是矩阵 M_k 的维数；CR^* 是一致性比率；$RI(n)$ 取决于矩阵维数的随机系数，具体不同判断矩阵的随机系数如表 $3-11$ 所示。

表 3-11　不同判断矩阵的随机系数

n	1	2	3	4	5	6	7	8	9
RI	0	0	0.58	0.9	1.12	1.24	1.32	1.41	1.45

（1）当 $CR^* < 0.1$ 时，可认为比较矩阵通过一致性检验，专家对产品服务需求的评判趋于一致并可以接受。

（2）当 $CR^* > 0.1$ 时，决策者需要重新调整他们的评判结果以便达成最终的一致。

若通过了一致性检验，则可得到如式（3-58）所示的群产品服务需求比较矩阵 $\widetilde{R}$，其中，$\widetilde{r_{ij}} = \{r_{ij}^1, r_{ij}^2, \cdots, r_{ij}^k, \cdots, r_{ij}^m\}$。

$$\widetilde{R} = \begin{bmatrix} 1 & \widetilde{r_{12}} & \cdots & \widetilde{r_{1n}} \\ \widetilde{r_{21}} & 1 & \cdots & \widetilde{r_{2n}} \\ \vdots & \vdots & & \vdots \\ \widetilde{r_{n1}} & \widetilde{r_{n2}} & \cdots & 1 \end{bmatrix} \qquad (3-58)$$

3.3.2　粗糙群需求评判矩阵的确定

将矩阵 $\widetilde{R}$ 中的每个需求评判值 $\widetilde{r_{ij}}$ 都转化成粗糙数形式。这里，我们采用几何平均的方法来集结各个决策者的评价。因为该方法既可以保留需求比较矩阵中的互为倒数的属性，同时也不违背帕累托法则。

$$下近似限：\underline{apr}(r_{ij}^k) = \bigcup \{Y \in U \mid R(Y) \leqslant r_{ij}^k\} \qquad (3-59)$$

$$上近似限：\overline{apr}(r_{ij}^k) = \bigcup \{Y \in U \mid R(Y) \geqslant r_{ij}^k\} \qquad (3-60)$$

因此，需求确定值 r_{ij}^k 可以由一个粗糙数来表示，粗糙数的下近似限 $\underline{\lim}(r_{ij}^k)$ 和上近似限 $\overline{\lim}(r_{ij}^k)$ 为：

$$\underline{\lim}(r_{ij}^k) = \left(\prod_{m=1}^{N_{ijl}} x_{ij}\right)^{1/N_{ijl}} \qquad (3-61)$$

$$\overline{\lim}(r_{ij}^k) = \left(\prod_{m=1}^{N_{ijU}} y_{ij}\right)^{1/N_{ijU}} \tag{3-62}$$

其中，x_{ij} 和 y_{ij} 分别是 r_{ij}^k 所对应的粗糙数的下近似限和上近似限中所包含的元素，N_{ijL} 和 N_{ijU} 分别代表 r_{ij}^k 的下近似限和上近似限中所包含的对象的数量。

由此，利用式（3-59）至式（3-62）得到 $\widetilde{r_{ij}}$ 的粗糙数表示形式 $RN(\widetilde{r_{ij}^k})$：

$$RN(r_{ij}^k) = [\underline{\lim}(r_{ij}^k), \overline{\lim}(r_{ij}^k)] = [r_{ij}^{kL}, r_{ij}^{kU}] \tag{3-63}$$

其中，r_{ij}^{kL} 和 r_{ij}^{kU} 是第 k 个成对比较矩阵中的粗糙数 $RN(r_{ij}^k)$ 的下限和上限。这里称 r_{ij}^{kL} 与 r_{ij}^{kU} 的差值为粗糙边界值，它刻画了决策信息的不确定性，该值越大，说明不确定性越大；反之，则不确定性越小。

因此，得到粗糙序列：$RN(\widetilde{r_{ij}}) = \{[r_{ij}^{1L}, r_{ij}^{1U}], [r_{ij}^{2L}, r_{ij}^{2U}], \cdots, [r_{ij}^{mL}, r_{ij}^{mU}]\}$，与区间数的运算法则类似，粗糙数的运算法则如下：

$$RN_1 + RN_2 = (L_1, U_1) + (L_2, U_2) = (L_1 + L_2, U_1 + U_2) \tag{3-64}$$

$$RN_1 \times k = (L_1, U_1) \times k = (kL_1, kU_1) \tag{3-65}$$

$$RN_1 \times RN_2 = (L_1, U_1) \times (L_2, U_2) = (L_1 \times L_2, U_1 \times U_2) \tag{3-66}$$

其中，$RN_1 = (L_1, U_1)$ 和 $RN_2 = (L_2, U_2)$ 是两个不同的粗糙数，k 是一个非零常量。

粗糙集可以有效地处理信息中的不确定性和模糊性，即便在数据量少和数据分布不确定的情况下也很有效。而来自粗糙集理论的粗糙数在处理不确定性和主观性信息上具有较强优势，因为它可以在先验信息较少的情况下发现和挖掘决策者的知识。

平均粗糙区间 $\overline{RN(\widetilde{r_{ij}})}$ 可以按照如下粗糙运算法则得到：

$$\overline{RN(\widetilde{r_{ij}})} = [r_{ij}^L, r_{ij}^U] \tag{3-67}$$

$$r_{ij}^L = \left(\prod_{k=1}^m r_{ij}^{kL}\right)^{1/m} \tag{3-68}$$

$$r_{ij}^U = \left(\prod_{k=1}^m r_{ij}^{kU}\right)^{1/m} \tag{3-69}$$

其中，r_{ij}^L 和 r_{ij}^U 分别代表粗糙数 $[r_{ij}^L, r_{ij}^U]$ 的上限和下限；m 是决策者的数量。

基于上述计算,可以得到如式(3-70)所示的粗糙群需求评价矩阵 $\boldsymbol{R}$。

$$\boldsymbol{R} = \begin{bmatrix} [1, 1] & [r_{12}^L, r_{12}^U] & \cdots & [r_{1n}^L, r_{1n}^U] \\ [r_{21}^L, r_{21}^U] & [1, 1] & \cdots & [r_{2n}^L, r_{2n}^U] \\ \vdots & \vdots & & \vdots \\ [r_{n1}^L, r_{n1}^U] & [r_{n2}^L, r_{n2}^U] & \cdots & [1, 1] \end{bmatrix} \qquad (3-70)$$

至此,确定值形式的需求评判矩阵转化为粗糙数形式。与确定值形式的需求评判值不同,来自粗糙集理论的粗糙数可以有效处理信息中的不确定性和模糊性。此外,采用几何平均的方式整合各专家的评判值,能有效减少各专家在知识积累和相关经验上的差异所导致的决策主观性。

3.3.3 产品服务需求重要度的确定

利用式(3-71)计算不同需求层次的产品服务需求粗糙重要度 $\widetilde{RW_i}$,即利用乘积合成法,将各层次的客户需求重要度与其对应子层次的需求重要度从上至下依次相乘,从而得到每个需求的基本重要度。

$$\widetilde{RW_i} = [RW_i^L, RW_i^U] \qquad (3-71)$$

$$RW_i^L = \sqrt[n]{\prod_{j=1}^n r_{ij}^L}, \quad RW_i^U = \sqrt[n]{\prod_{j=1}^n r_{ij}^U}, \quad i, j = 1, 2, \cdots, n \quad (3-72)$$

3.3.4 产品服务需求重要度排序

将产品服务的粗糙数形式的需求重要度转化成确定值形式,以便进行排序。在此,引入乐观系数 $\lambda(0 \leqslant \lambda \leqslant 1)$,各需求确定值形式的重要度为:

$$RW_i = (1-\lambda)RW_i^L + \lambda RW_i^U \qquad (3-73)$$

(1) 若决策者对专家们的评判结果较为乐观,那么 λ 可以选择一个较大的值,即 $\lambda > 0.5$;

(2) 若决策者对专家们的评判结果较为悲观,那么 λ 可以选择一个较小的值,即 $\lambda < 0.5$;

(3) 若决策者对专家们的评判结果持折中态度,既不悲观也不乐观,此时 λ 应当选择确定值,即 $\lambda = 0.5$。

根据以上的步骤,所有的产品服务需求最终都能进行有效的重要度排序。

3.3.5 应用案例——载客电梯产品服务的客户需求重要度分析

1) 案例背景简介

本案例将沿用在 2.3.7 节中展示过的电梯的产品服务需求识别结果,进一步对这些需求进行重要度分析。通过邀请 5 名来自不同领域、具有丰富经验的专家对载客电梯服务的客户需求做出评判,以准确识别出目标客户对电梯的关键性产品服务需求,为电梯服务的设计提供信息支撑。这 5 位专家分别是业主代表、建筑开发商代表、电梯维保服务经理、物业公司代表及电梯服务设计工程师。

2) 实际应用与结果分析

识别出载客电梯服务需求之后,通过邀请 5 位专家,对各个层次的电梯服务需求项进行两两比较,并检验其一致性,如果通过检验,则取为决策矩阵,否则继续请决策者进行需求比较直到通过一致性检验为止。

根据式(3-59)至式(3-70)计算电梯服务的首层需求项及其子需求项的粗糙重要度,结果如表 3-12 所示,从而获得各项需求的综合重要度,计算结果也列在表 3-12 中。

表 3-12 载客电梯服务的客户需求粗糙重要度

载客电梯服务需求项	子需求项	粗糙重要度	归一化的重要度
$R_1[0.237, 0.270]$	$R_{11}[0.496, 0.695]$	$[0.118, 0.187]$	$[0.014, 0.022]$
	$R_{12}[1.438, 2.016]$	$[0.341, 0.543]$	$[0.040, 0.064]$
$R_2[2.041, 2.675]$	$R_{21}[2.482, 3.195]$	$[5.067, 8.545]$	$[0.593, 1.000]$
	$R_{22}[0.655, 0.889]$	$[1.336, 2.378]$	$[0.156, 0.278]$
	$R_{23}[0.401, 0.540]$	$[0.819, 1.445]$	$[0.096, 0.169]$
$R_3[1.112, 1.654]$	$R_{31}[1.000, 1.000]$	$[1.112, 1.654]$	$[0.130, 0.194]$
$R_4[1.170, 1.992]$	$R_{41}[1.804, 2.040]$	$[2.110, 4.063]$	$[0.247, 0.475]$
	$R_{42}[0.490, 0.554]$	$[0.573, 1.104]$	$[0.067, 0.129]$
$R_5[0.633, 1.055]$	$R_{51}[1.000, 1.000]$	$[0.633, 1.055]$	$[0.074, 0.123]$

根据式(3-73)引入乐观系数:$\lambda = 0, 0.5, 1$,分别将电梯服务的客户需求

粗糙区间形式的重要度转化成确定值形式的重要度,以便得到最终的需求项排序,如表 3‑13 所示。

表 3‑13 电梯服务的客户需求重要度及排序

产品服务需求	$\lambda = 0$		$\lambda = 0.5$		$\lambda = 1$	
	需求重要度	排序	需求重要度	排序	需求重要度	排序
R_{11}	0.014	9	0.018	9	0.022	9
R_{12}	0.040	8	0.052	8	0.064	8
R_{21}	0.593	1	0.797	1	1.000	1
R_{22}	0.156	3	0.217	3	0.278	3
R_{23}	0.096	5	0.132	5	0.169	5
R_{31}	0.130	4	0.162	4	0.194	4
R_{41}	0.247	2	0361	2	0.475	2
R_{42}	0.067	7	0.098	7	0.129	6
R_{51}	0.074	6	0.099	6	0.123	7

从表 3‑13 中可以看出,无论需求重要度决策者持谨慎、折中还是乐观的态度,最终的电梯服务客户需求的排序是基本趋于一致的。其中,需求 R_{21}(安全事故少)、R_{41}(服务响应快)和 R_{22}(停梯故障少)是排在前三位的最为重要的需求项。

载客电梯作为常用的楼宇垂直交通设备,出现安全事故,一方面可能由于零部件磨损,另一方面则可能源于安装维修过程中的不当操作。不管哪种原因,一旦安全事故发生,可能会导致安装人员或乘客伤亡,对电梯服务商甚至社会造成很大的影响。因此,电梯客户对需求 R_{21}(安全事故少)赋予最大的权重,将其排在客户需求清单的第一位。需求项 R_{41}(服务响应快)排在第二位,是因为服务的响应速度直接影响客户的满意度,快速及时的服务供应能够为客户带来良好的服务体验,节省其时间成本,并能在较短的时间内将客户的损失降至最低。R_{22}(停梯故障少)也是客户关注的需求项,这是因为对于高层建筑,特别是对商用高层建筑来说,停梯不仅会带来日常出行的不便,还可能导致客流量减少、影响客户的经济收入等,严重的停梯故障往往还会引发安全事故。所以,决策者在选择电梯服务时,对需求 R_{22}(停梯故障少)也赋予了高度重视。

3.4　本 章 小 结

本章我们提出了两种产品服务需求的重要度分析方法。

客户的产品服务需求间往往存在着相互影响关系，DEMATEL 方法常被用来解决这种相互影响问题以识别关键需求。但 DEMATEL 方法没有考虑专家在评价需求间影响程度时，由于无法给出精确的数值而只能给出一个区间来作为评价所导致的区间模糊性。针对该问题，我们提出了一种集成粗糙云模型与 DEMATEL 法的方法。与现有方法不同，该方法充分考虑了专家在评价需求间影响程度时的犹豫和不确定心理，允许专家使用区间的形式给出更为模糊的评价，因此该方法能有效处理专家评价的区间模糊性，弥补了现有 DEMATEL 方法的局限和不足。由此，该方法能更贴合实际并有效地识别需求间的相互影响关系，准确合理地对需求的重要性进行排序和分类，为企业在设计和配置产品服务时提供依据。

针对不确定环境下决策信息的主观性和模糊性，我们提出了基于 R‑GAHP 方法的产品服务需求重要度分析法。该方法可以很好地处理客户需求评价过程中的主观性、模糊性和其他不确定性因素，并且不需要依赖大量的先验信息（如先验假设、模糊隶属度函数选取等），从而为产品服务设计师提供具备优先级排序的产品服务需求清单，帮助其明确设计重点和方向。此外，利用该方法所得的需求重要度可以作为衡量最终服务方案的评价指标及权重，实现设计的闭环反馈。

第4章
产品服务需求转化与
设计冲突解决

4.1 引 言

在第2章和第3章中,我们分别对产品服务需求的识别和分析技术进行了说明。接下来,需要考虑如何将客户表达的需求信息转化为产品服务设计师可识别的产品服务的技术特性,这样才能进一步将其映射到服务模块的配置过程,从而确定产品服务方案。

在本章,我们主要以客户的产品服务需求向产品服务技术特性的转化为主线,利用产品服务功能特性场景图导出产品服务技术特性。在此基础上,提出了基于粗糙灰色关联分析的服务质量屋(rough grey relational analysis-based service house of quality, RGRA - SHoQ)模型,利用该模型可以实现由客户的产品服务需求向技术特性的映射。之后,基于各产品服务需求重要度的分析结果,进一步确定各产品服务技术特性的重要度,以便后续配置合适的服务模块实例。此外,考虑到技术特性之间潜在的冲突关系可能会影响服务方案的质量,我们提出了基于服务发明问题解决理论(teoriya resheniya izobreatatelskikh zadatch, TRIZ)和服务质量屋的服务技术特性冲突解决流程,最终得到产品服务技术特性的冲突解决方案。

4.2　服务需求转化与技术冲突解决方法的提出

4.2.1　质量屋模型和 TRIZ 互补性分析

作为概念设计的有效工具,质量屋模型(house of quality,HoQ)可以将客户需求映射到技术特性上,但是在如何实现这些技术特性及其冲突解决方面,尚缺乏必要的手段。与质量屋模型不同,TRIZ 通过定义设计中的技术冲突,并通过冲突矩阵和发明原理解决冲突,避免了质量屋里的设计冲突的折中平衡。质量屋和 TRIZ 的优缺点总结如表 4-1 所示,从中可以看出质量屋模型能够确定设计的内容和方向,而 TRIZ 可以提供实现设计内容的具体方法,即问题的解决方法。因此,这两种方法在一定程度上有互补之处,存在集成应用的机会。

表 4-1　质量屋和 TRIZ 的优缺点

理论方法	优　点	缺　点
质量屋	以客户需求和客户满意为导向,通过不同的质量屋将客户需求顺次映射为不同设计属性。结构化的设计模型可以帮助设计师界定问题和目标	对于设计中技术特性之间的冲突及其他问题缺乏有效的解决方法
TRIZ	建立在大量技术发展规律及科学总结的基础上,为设计中技术特性冲突提供了具体方法和指导	方法比较零散,缺乏较为系统的设计过程表示模型,对设计问题的界定能力不足

4.2.2　TRIZ 对于产品服务设计的适用性分析

TRIZ 理论是由苏联发明家阿利赫舒列尔(G. S. Altshuller)在 1946 年创立的,是基于知识的、面向人的发明问题解决系统化方法学,自诞生以来被学术界与企业界广泛接受与应用。TRIZ 理论是在分析和总结 250 万份专利的基础上开发的产品创新设计工具。它遵循了从特殊到一般的原则,是从不同领域、不同类型的具体发明创新中总结出一般性的标准冲突和标准解。然后,再由一般到特殊,将具体设计中要解决的冲突问题转化成标准形式,查找对应的标准解,同时结合领域知识,制订针对性的解决方案。

下面主要分析将传统的 TRIZ 的冲突解决思想扩展至产品服务设计领域的可能性。

1) TRIZ 具备向非工程领域扩展应用的基础

虽然 TRIZ 在过去经常被用于工程技术领域,但是它也逐渐被引入其他非工程领域,包括商业管理、食品包装、教育、医疗、社会学等领域。例如新加坡的研究人员在 2003 年就曾成功地使用 TRIZ 的发明原理提出了许多预防"非典"的方法,并被政府采纳实施,取得了较好的效果。因此,除了工程领域之外,TRIZ 也为非工程领域的从业者们提供了解决问题的方向和参考。

2) TRIZ 可以化解产品服务设计中的冲突

与产品设计一样,产品服务设计领域中也存在不同的冲突。产品设计中的冲突比较直观、具体,然而相比有形的产品设计冲突,产品服务的设计冲突更为无形、抽象和不易发现,表 4-2 中列出了几种产品服务设计中常见的冲突。利用 TRIZ 提供的工具可以有效化解这些冲突,避免冲突解决中的折中决策带来的后续潜在服务失效风险,因为折中和妥协并不能从根本上解决冲突。

表 4-2　常见的服务设计冲突

服务设计冲突	冲　突　描　述
服务响应和服务成本	提高服务响应能力可以增强客户的满意度,但是会增加服务商在人员、网点布局上的投入
服务易逝性和服务供应	服务本身的无形性导致其不能被储存,服务需求的不确定会给服务商的供应计划带来困难
服务流程复杂性和服务可靠性	服务流程复杂程度高,提高了竞争壁垒,减少了竞争对手模仿的机会,但可能会增加失误,影响最终服务交付质量
服务柔性和服务可实现性	充分增强服务柔性(如个性化定制),服务商可以提高其满足客户需求的能力,但是会加大服务设计实现的难度
自助服务和服务感知	自助式服务可以增强服务的便捷性,但是自助服务减少了服务商与客户间的互动接触,降低客户的服务感知体验,影响其满意度

3) TRIZ 发明原理中包含服务创新设计模式相关的内容

Berry 和 Lampo 在经过大量服务设计案例的研究后,提出了五种服务设计模式:自助服务、直接服务、提前服务、捆绑服务和有形服务[46]。从表 4-3 可以看出,这五种服务设计模式与部分 TRIZ 发明原理具有类似之处,由此,产品服务的设计师也可以借鉴 TRIZ 发明原理进行产品服务的创新与设计。

　　此外,服务设计中的一些关键因素也与 TRIZ 发明原理存在一定的关联。例如:服务环境、设施和布局与原理 39(惰性环境)关联紧密,可以通过创造相对独立的服务环境,减少服务过程中外界的干扰因素,增强服务交付质量。服务派工可以与原理 18(振动)关联,即根据服务需求变化,适时调整服务能力与策略(如雇用临时工)。

表 4-3　服务设计模式与 TRIZ 发明原理之间的相似之处

服务设计模式	与发明原理的匹配
自助服务:客户承担了服务生产者的角色	原理 25:自服务 ① 某物体通过附加功能产生自己服务于自己的功能;② 利用废弃的资源、能量与物质
直接服务:服务直接在客户场所交付	原理 2:分离 将一个物体中的"干扰"部分分离出去,或者将物体中的关键部分挑选或分离出来
提前服务:简化初始服务操作	原理 10:预操作 ① 在操作开始前,使物体局部或全部产生所需的变化;② 或者预先对物体进行特殊安排,使其在时间上有准备,或已处于易操作的位置
捆绑服务:将不同的服务内容打包	原理 5:合并 ① 在空间上将相似的物体连接在一起,使其完成并行的操作;② 在时间上合并相似或相连的操作
有形服务:对与服务关联的有形物进行操作	原理 15:动态化 使一个物体或其环境在操作的每一个阶段自动调整,以达到优化的性能

　　4) TRIZ 可以规范产品服务创意的获取流程,促进产品服务创新设计

　　设计前端的创意对产品服务的方案设计起着重要作用。然而,大多数的服务设计师在获取服务创意时,随机性和主观性较强,仅凭个人的直觉和经验,效率不高。另外,由于惯性思维和心理惰性的影响,产品服务设计师难以获得突破性的服务创新方案。而 TRIZ 能够提供一系列的方法和工具,用来规范设计过程中创意获取的流程,提升创意获取的质量和效率。

　　由此,根据上述分析,可以看出将 TRIZ 引入产品服务设计领域是可行的,使用 TRIZ 解决产品服务设计冲突具备较好的基础。

4.2.3　服务质量屋和 TRIZ 的集成模型

　　通过上一节的分析,在产品服务方案的设计过程中,可以把质量屋中的服务

技术特性之间的负相关关系(冲突关系)与 TRIZ 中的冲突矩阵联系起来,以解决服务技术特性之间可能存在的冲突。考虑到服务技术特性的冲突识别及解决的复杂性,结合传统 TRIZ 中的 39 个工程属性的特征,依据产品服务设计领域特征对其进行精简与修正,在精简属性的基础上建立适合产品服务的冲突解决工具,使得产品服务设计变得更高效、便捷。因此,将两者有机结合,优势互补,更有助于产品服务方案的设计创新。

产品服务的需求转化及技术特性冲突解决模型如图 4-1 所示,主要由两个子模型构成。

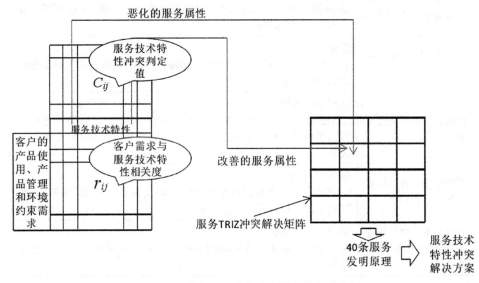

图 4-1 产品服务的需求转化和技术特性冲突解决

1) 产品服务需求映射子模型

产品服务需求映射子模型主要用于客户需求向服务技术特性的映射,它的主体架构是服务质量屋。该子模型的主要目的是将客户的服务需求准确转化成设计师能够理解的技术要求。一般来说,服务需求向服务技术特性的映射需要由具备丰富经验的产品服务设计师来完成。考虑到映射过程中的模糊性,利用基于灰色关联分析方法的质量屋模型,将客户需求的重要度顺利转化为服务技术特性的重要度,为后续产品服务方案的配置提供重要输入。

2) 服务技术冲突解决子模型

完成产品服务需求向服务技术特性的映射之后,利用服务质量屋屋顶的技术特性自相关矩阵,识别出服务技术特性之间的冲突,对质量屋中呈负相关的技术特性进行冲突识别分析。然后,将冲突对应的服务技术特性标准化,查找服务技术特性冲突解决矩阵,获得冲突解决原理序号,得到解决服务设计冲突的思路。设计师根据领域知识对冲突解决方案进行完善,最终解决技术特性之间的冲突。

4.3 利用 RGRA – SHoQ 模型的产品服务需求转化

本节主要利用服务功能特性场景图导出产品服务的技术特性,然后利用基于粗糙灰色关联分析的服务质量屋(RGRA – SHoQ)模型,将客户的产品服务需求的重要度转化为服务技术特性的重要度。产品服务设计师依据服务技术特性重要度和设计经验,为后续产品服务方案的模块化配置做准备。

4.3.1 产品服务技术特性展开

服务技术特性是指产品服务所能提供的服务属性,是客户需求的代用特性。通过将客户需求转化为设计师所能理解的服务技术特性,将模糊、抽象的客户需求具体化,转化为服务设计师的语言。

我们提出使用服务功能特性场景图来导出各项服务技术特性,如图 4 – 2 所示。图中的服务功能主要包括两大类:交互性服务功能和适应性服务功能。相关利益方和外部环境的要求和约束,转移到了具体的产品服务功能上,而服务功能最终要落实到具体的服务技术特性上。

对于该产品服务功能特性场景图的具体解释如下。

(1) 交互性服务功能:是指为满足客户在产品生命周期内正常地使用产品完成工程任务,产品服务所需要提供的功能。例如,为了保障客户利用空压机获得可靠、稳定的压缩空气,空压机服务商提供的产品服务应该具备"故障诊断"这一交互服务功能。

(2) 适应性服务功能:反映了受外部环境(生产环境、生态环境、法规环境等)约束,产品服务需要做出的适应性改变或调整。如设备安装调试服务中,需要考虑到车间的空间布局、光线、湿度和温度等环境条件,提供的安装服务功能要与这些条件相匹配。

(3) 服务技术特性:是对服务功能特征的一种刻画。无论交互性服务功能

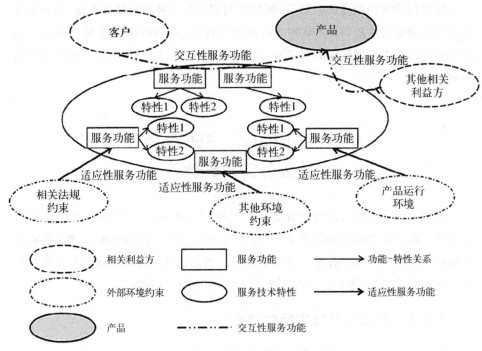

图 4‑2 产品服务功能特性场景图

还是适应性服务功能都需要相应的服务技术特性来描述。服务设计师根据设计经验和设计知识库,使用一些表示程度的词语(如高、低、快、慢等)和具体特征来定性或定量地描述服务功能。例如,可以用诊断信息获取快捷、诊断结果可靠性高等服务技术特性来刻画故障诊断服务功能。

该产品服务功能特性场景图清楚地表达了产品、相关利益方、环境约束、服务功能和服务技术特性之间的相互作用关系。其中,客户和其他相关利益方通过与产品的交互作用,完成一系列的交互性服务功能,以此来满足客户的需求,各项交互性服务功能需要由不同的服务技术特性来描述。此外,受外部相关环境的约束,产品服务还要具备一定的适应性服务功能来满足不同的环境约束,各项适应性服务功能也是由不同的服务技术特性来刻画的。

4.3.2 产品服务质量屋的建立

传统的质量屋常用于产品设计领域,这里我们将其迁移到服务分析领域,建立了产品服务质量屋。该服务质量屋的目的是服务需求向服务技术特性的映射,并分析各项服务技术特性之间是否存在潜在冲突。在产品服务的质量屋构建过程中,通过在 2.3 节中介绍的客户活动周期分析模型,有效地识别客户在产品使用、管理和运行环境方面的需求,结合由服务功能特性场景图导出对应的服务技术特性,构建质量屋,如图 4-3 所示。图 4-3 的左侧是客户需求,主要由产品对运行环境的需求与客户使用和管理产品的需求构成;中间是产品服务的技术特性;上部是服务技术特性冲突矩阵。图中,c_{ij} 是服务技术特性间的冲突判定值,若 c_{ij} 为负值则表明存在冲突,c_{ij} 的绝对值越大则冲突越大;r_i 是客户需求与技术特性的相关度值。

		服务技术特性								
	TA$_1$									
	TA$_2$									
	TA$_3$				服务技术特性间的冲突判定值 c_{ij}					
	TA$_4$									
	TA$_5$									
	TA$_6$									
	TA$_7$									
	...									
	TA$_n$									
客户需求	客户需求	需求重要度	TA$_1$	TA$_2$	TA$_3$	TA$_4$	TA$_5$	TA$_6$	TA$_7$	...	TA$_n$
产品使用需求	CR$_1$									
	CR$_2$									
产品管理需求	CR$_3$							客户需求与技术特性的相关度值 r_{ij}		
	CR$_4$									
环境要求	CR$_5$									
	...									
	CR$_m$									
	技术特性重要度									

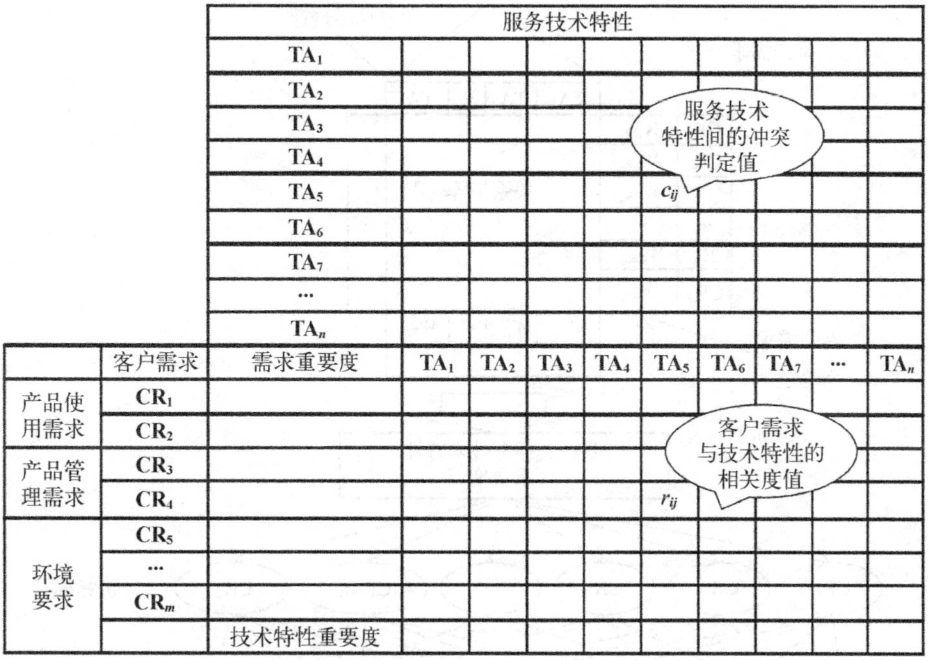

图 4-3 服务设计质量屋

4.3.3 基于粗糙灰色关联分析的需求重要度转换

为了得到服务技术特性所对应的重要度,产品服务设计师需要先对客户需求与服务技术特性之间的关联关系的紧密程度进行量化评价。考虑到关联关系评判过程中存在模糊性、主观性和不确定性,这里提出采用粗糙灰色关联分析方法来获得服务技术特性的重要度,具体步骤如下。

1) 构建服务需求与服务技术特性的关联关系矩阵

确定了服务技术特性之后,设计师需要对客户需求与服务技术特性之间的关联关系进行判断。在这里,采用1分、3分、5分、7分、9分来分别表示关联关系的强弱。1分代表基本不相关,9分代表强相关,其他分数可以类似定义。从而,可以获得客户需求与服务技术特性之间的关联关系矩阵。与传统的质量屋不同,基于粗糙灰色关联分析的质量屋刻画了服务技术特性对客户需求影响的程度。客户需求(CR)与服务技术特性(TA)之间的关联关系的确定过程,可视为一个典型的多属性群决策问题。具体地,用于实现需求的服务技术特性可视为多属性群决策问题中的方案,而需求则可当作属性,如图4-4所示。

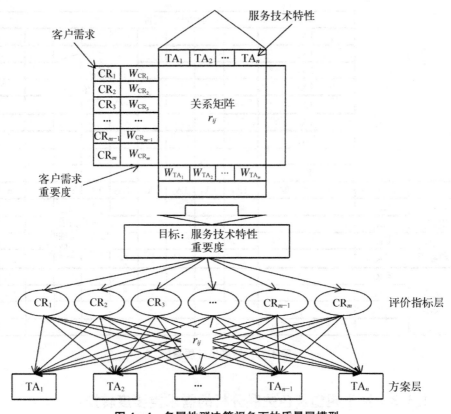

图4-4 多属性群决策视角下的质量屋模型

假设第 k 个设计师提出客户需求与技术特性的关系矩阵 $\boldsymbol{R}_k$ 可以表示为:

$$\boldsymbol{R}_k = \begin{bmatrix} r_{11}^k & \cdots & r_{1n}^k \\ \vdots & & \vdots \\ r_{m1}^k & \cdots & r_{mn}^k \end{bmatrix} \tag{4-1}$$

其中, r_{ij}^k 是第 k 个设计师对于第 i 个客户需求与第 j 个服务技术特性的关联关系的判断值。

2）将关系矩阵转化为粗糙数形式

将设计师提出的关系矩阵中的所有判断值转化为粗糙数形式。关系判断值的粗糙数形式可以表示为：

$$RN(r_{ij}^k) = [r_{ij}^{kL}, r_{ij}^{kU}] \tag{4-2}$$

其中，L 和 U 分别是粗糙数 $RN(r_{ij}^k)$ 的下限和上限。

计算平均粗糙关系值如下：

$$r_{ij}^L = \left(\prod_{k=1}^{l} r_{ij}^{kL}\right)^{1/l} \tag{4-3}$$

$$r_{ij}^U = \left(\prod_{k=1}^{l} r_{ij}^{kU}\right)^{1/l} \tag{4-4}$$

其中，$i = 1, 2, \cdots, m$；$j = 1, 2, \cdots, n$；r_{ij}^L 和 r_{ij}^U 分别是平均粗糙关系值 $\overline{RN(r_{ij})}$ 的下限和上限；l 是设计专家的人数。所以粗糙数形式的关系矩阵 $\boldsymbol{M}$ 可以表示为：

$$\boldsymbol{M} = \begin{bmatrix} [r_{11}^L, r_{11}^U] & [r_{12}^L, r_{12}^U] & \cdots & [r_{1n}^L, r_{1n}^U] \\ [r_{21}^L, r_{21}^U] & [r_{22}^L, r_{22}^U] & \cdots & [r_{2n}^L, r_{2n}^U] \\ \vdots & \vdots & & \vdots \\ [r_{m1}^L, r_{m1}^U] & [r_{m2}^L, r_{m2}^U] & \cdots & [r_{mn}^L, r_{mn}^U] \end{bmatrix} \tag{4-5}$$

其中，关系矩阵 $\boldsymbol{M}$ 表示存在 n 个服务技术特性以 m 个客户需求为评价准则，也即 n 个技术特性对 m 个客户需求的满足程度的判断，判断值以粗糙数形式表示。

3）确定加权归一化的粗糙关系矩阵

首先，将上一步得到的客户需求与服务技术特性关系值归一化：

$$r_{ij}^{'L} = \frac{r_{ij}^L}{\max_{j-1}^N \{\max[r_{ij}^L, r_{ij}^U]\}} \tag{4-6}$$

$$r_{ij}^{'U} = \frac{r_{ij}^U}{\max_{j-1}^N \{\max[r_{ij}^L, r_{ij}^U]\}} \tag{4-7}$$

其中，$[r_{ij}^{'L}, r_{ij}^{'U}]$ 表示粗糙数 $[r_{ij}^L, r_{ij}^U]$ 的归一化形式。归一化的目的是将粗糙数的变化范围限定在区间 $[0, 1]$ 之内。由此，可以计算出加权的粗糙归一化关系矩阵：

$$v_{ij}^{L} = \omega_{i}^{'L} \times r_{ij}^{'L}, \quad i = 1, 2, \cdots, m; j = 1, 2, \cdots, n \qquad (4-8)$$

$$v_{ij}^{U} = \omega_{i}^{'U} \times r_{ij}^{'U}, \quad i = 1, 2, \cdots, m; j = 1, 2, \cdots, n \qquad (4-9)$$

其中，$\omega_{i}^{'L}$ 和 $\omega_{i}^{'U}$ 分别代表客户需求权重（粗糙数形式）的下限和上限。

所以，可以得到如下加权归一化的粗糙关系矩阵 $\boldsymbol{M}'$：

$$\boldsymbol{M}' = \begin{bmatrix} [v_{11}^{L}, v_{11}^{U}] & [v_{12}^{L}, vv_{12}^{U}] & \cdots & [v_{1n}^{L}, v_{1n}^{U}] \\ [v_{21}^{L}, v_{21}^{U}] & [v_{22}^{L}, vv_{22}^{U}] & \cdots & [v_{2n}^{L}, v_{2n}^{U}] \\ \vdots & \vdots & & \vdots \\ [v_{m1}^{L}, v_{m1}^{U}] & [v_{m2}^{L}, v_{m2}^{U}] & \cdots & [v_{mn}^{L}, v_{mn}^{U}] \end{bmatrix} \qquad (4-10)$$

4）识别参考序列以便计算粗糙偏离系数

对客户需求而言，理想的关系参考值是能最大限度满足它的服务技术特性所对应的关系值。服务技术特性对客户需求的关系值越大，那么该技术特性满足客户需求的能力就越强。因此，理想参考值确定如下：

$$v^{0}(i) = \{\max_{j=1}^{N}(v_{ij}^{U}), i = 1, 2, \cdots, m\} \qquad (4-11)$$

其中，$v^{0}(i)$ 是满足第 i 项客户需求的所有技术特性对应的粗糙关系值的上限最大值。

因此，可以获得参考序列如下：

$$V^{0}(i) = \{v^{0}(1), v^{0}(2), \cdots, v^{0}(m)\} \qquad (4-12)$$

计算基于偏离系数，这里的偏离系数 d_{ij} 是描述服务技术特性与客户需求间的关系值到理想参考关系值之间的距离。

$$d_{ij} = v^{0}(i) - v_{ij}^{L}, i = 1, 2, \cdots, m; j = 1, 2, \cdots, n \qquad (4-13)$$

接下来，可以建立如下的偏离系数矩阵 $\boldsymbol{d}^{+}$：

$$\boldsymbol{d}^{+} = \begin{bmatrix} d_{11} & d_{12} & \cdots & d_{1n} \\ d_{21} & d_{22} & \cdots & d_{2n} \\ \vdots & \vdots & & \vdots \\ d_{m1} & d_{m2} & \cdots & d_{mn} \end{bmatrix} \qquad (4-14)$$

5）计算每项服务技术特性对应的灰色关联系数

服务技术特性所对应的灰色关联系数 γ_{ij} 由下式得出：

$$\gamma_{ij} = \frac{\min_{i=1}^{m} \min_{j=1}^{N} d_{ij} + \xi \times \max_{i=1}^{m} \max_{j=1}^{N} d_{ij}}{d_{ij} + \xi \times \max_{i=1}^{m} \max_{j=1}^{N} d_{ij}} \qquad (4-15)$$

其中,$\xi(0 \leqslant \xi \leqslant 1)$ 是分辨系数,ξ 越小,其分辨率越高,一般情况下,ξ 经常取 0.5,因为这可以保证比较适中的分辨效果和较好的结果稳定性[47]。

6)计算每个服务技术特性所对应的灰色关联度

第 j 项服务技术特性对应的灰色关联度 Γ_j 可由下式得到:

$$\Gamma_j = \frac{\sum_{i=1}^{m} \gamma_{ij}}{m}, \ j = 1, 2, \cdots, n \qquad (4-16)$$

服务技术特性所对应的灰色关联度表示该服务技术特性的关系值序列与参考关系值序列之间的相似程度。灰色关联度 Γ_j 越大,表明该服务技术特性的关系值到理想关系值的距离越近,其优先级就越高。服务技术特性的优先级可以帮助设计师确定产品服务方案设计的关键点,从而可以合理地安排设计资源和方向。同时,它还是后续服务方案的配置优化的重要输入。

4.4　服务技术特性冲突的解决

确定客户需求所对应的服务技术特性及其重要度之后,需要分析各个服务技术特性之间是否有相冲突的地方。若有冲突,则需将冲突对应的服务技术特性标准化,按照得到的标准化服务属性,查找服务冲突解决矩阵中对应的发明原理序号,查找冲突的解决方法,然后结合设计人员的领域知识,将冲突解决方案具体化。

4.4.1　基于多粒度混合语言决策的冲突识别

这里,我们对于服务质量屋模型中屋顶的自相关矩阵进行了新的界定,并且引入了"服务技术特性冲突判定值"来识别冲突。在质量屋的服务技术特性自相关矩阵中,存在三种特性之间的相互影响关系,即正相关、不相关和负相关。正相关关系表示两个服务技术特性之间是相互促进的关系,而负相关关系表示两个服务技术特性之间是冲突关系。

相对产品设计领域,产品服务领域的冲突往往由于服务本身的无形性等特征而不容易被察觉。由于服务技术特性冲突的判断需要来自不同领域的专家共同确定,例如维修服务工程师、服务设计师、市场人员等,而不同领域的人具有不同的知识、经验和偏好,从而导致其对冲突的看法相异。所以,各个专家在判定冲突时往往会选择不同粒度(不同语言评语数目)的语言信息,还有可能存在确定语言判断值和不确定语言判断值的混合语言信息。因此,在利用服务质量屋识别技术特性冲突的过程中,有必要对由不同冲突评估标度表达的多粒度混合语言判断值进行一致化处理。

我们在此提出了多粒度混合语言环境下服务技术特性冲突识别的详细步骤。

(1) 服务设计专家对各个服务技术特性 $TA_j (j=1, 2, \cdots, n)$ 之间的潜在冲突进行判断。在实际的产品服务设计过程中,经验丰富的专家偏向于用确定性的语言变量进行冲突判定,而经验不足的专家偏向于用不确定性的区间型语言变量进行冲突判定。由此,可以得到各专家的初始多粒度混合语言判断矩阵为:$M_{cq} = (c_{ijq})_{n \times n} (q = 1, 2, \cdots, l)$,其中,$c_{ijq}$ 表示第 q 个专家对第 i 个技术特性和第 j 个技术特性之间的关系判定值,l 表示决策专家的人数。

在此使用非平衡语言评估标度[48]如下:

$$S^{(k)} = \left\{ S_\beta^{(k)} \mid \beta = 1-k, \frac{2(2-k)}{3}, \frac{2(3-k)}{4}, \cdots 0, \cdots, \right.$$
$$\left. \frac{2(k-3)}{4}, \frac{2(k-2)}{3}, k-1 \right\} \tag{4-17}$$

其中,$S_\beta^{(k)}$ 是服务技术特性冲突的语言评语;$S_{1-k}^{(k)}$ 和 $S_{k-1}^{(k)}$ 分别表示语言评语的上下边界;β 表示评语集里面代表服务技术特性间冲突或协作程度大小的判定值;k 为整数且大于 0,一般在实际应用中,k 取值不大于 8 为宜,因为如果 k 取值过大,评语集里对应的评语会很多,影响判断决策效率。

从式(4-17)可以看出,冲突语言评语集里面所包含的评语个数为 $(2k - 1)$,因此选择不同的 k 值,可以得到不同粒度的评语集。例如,若选取 $k=4$,则此时的语言粒度为 7,从而有:$S^{(4)} = \{ S_{-3}^{(4)} = $"强冲突",$S_{-4/3}^{(4)} = $"中等冲突",$S_{-1/2}^{(4)} = $"弱冲突",$S_0^{(4)} = $"不相关",$S_{1/2}^{(4)} = $"弱协作",$S_{4/3}^{(4)} = $"中等协作",$S_3^{(4)} = $"强协作"$\}$,如图 4-5 所示,这时 $\beta = -3, -\frac{4}{3}, -\frac{1}{2}, 0, \frac{1}{2}, \frac{4}{3}, 3$。

对于服务技术特性冲突的语言评语集 $S_\beta^{(k)}$ 里任意 $S_{\beta 1}^{(k)}$,$S_{\beta 2}^{(k)}$,$\lambda, \lambda_1, \lambda_2 \in [0, 1]$,运算法则[49]如下:

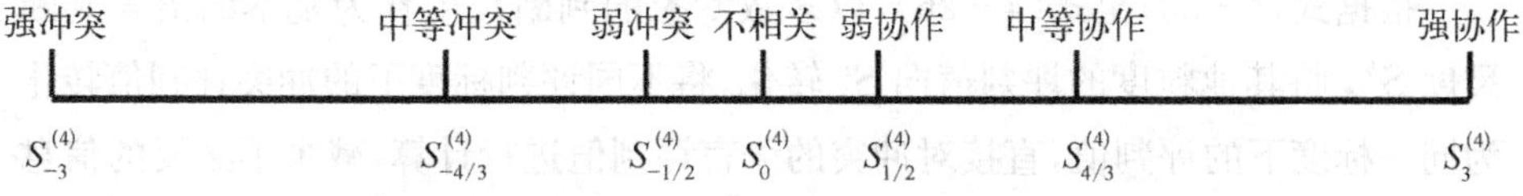

| 强冲突 | | 中等冲突 | 弱冲突 | 不相关 | 弱协作 | 中等协作 | | 强协作 |

$$S_{-3}^{(4)} \qquad S_{-4/3}^{(4)} \qquad S_{-1/2}^{(4)} \quad S_0^{(4)} \quad S_{1/2}^{(4)} \qquad S_{4/3}^{(4)} \qquad\qquad S_3^{(4)}$$

图 4-5 粒度为 7 的服务技术特性冲突语言评估标度 $S^{(4)}$

$$S_{\beta_1}^{(k)} \oplus S_{\beta_2}^{(k)} = S_{\beta_2}^{(k)} \oplus S_{\beta_1}^{(k)} = S_{\beta_1+\beta_2}^{(k)} \qquad (4-18)$$

$$\lambda S_{\beta}^{(k)} = S_{\lambda\beta}^{(k)} \qquad (4-19)$$

$$(S_{\beta}^{(k)})^{\lambda} = S_{\beta\lambda}^{(k)} \qquad (4-20)$$

$$\lambda(S_{\beta_1}^{(k)} \oplus S_{\beta_2}^{(k)}) = \lambda S_{\beta_2}^{(k)} \oplus \lambda S_{\beta_1}^{(k)} = S_{\lambda(\beta_1+\beta_2)}^{(k)} \qquad (4-21)$$

$$(\lambda_1 + \lambda_2)S_{\beta}^{(k)} = \lambda_1 S_{\beta}^{(k)} + \lambda_2 S_{\beta}^{(k)} \qquad (4-22)$$

（2）考虑到服务技术特性冲突判断粒度不同，因此有必要将多粒度的冲突判断语言进行一致化处理。设：$\overline{S}^{(k_1)} = \{S_\gamma^{(k_1)} \mid \beta \in [1-k_1, k_1-1]\}$，$\overline{S}^{(k_2)} = \{S_\gamma^{(k_2)} \mid \beta \in [1-k_2, k_2-1]\}$ 分别是两个不同粒度的冲突判定语言变量标度集，那么它们之间可以按照下面的公式进行粒度转化：

$$F_{k_1}^{k_2}: S_{[1-k_1,\,k_1-1]}^{(k_1)} \rightarrow S_{[1-k_2,\,k_2-1]}^{(k_2)} \qquad (4-23)$$

$$F_{k_1}^{k_2}(S_\beta^{(k_1)}) = I_{k_2}^{-1}\left[\frac{I_{k_1}S_\beta^{(k_1)}(k_2-1)}{k_1-1}\right] = I_{k_2}^{-1}\left[\frac{\beta(k_2-1)}{k_1-1}\right] = S_\gamma^{(k_2)} \qquad (4-24)$$

其中，$\gamma = \dfrac{\beta(k_2-1)}{k_1-1}$，$I_k$ 和 I_k^{-1} 分别表示语言标度和其下标之间的对应关系函数，存在 $I_k(S_\beta^{(k)}) = \beta$，$I_k^{-1}(\beta) = S_\beta^{(k)}$。例如，若要将语言标度集 $S^{(3)}$ 转化为 $S^{(4)}$，即 $F_3^4: S_{[-2,\,2]}^{(3)} \rightarrow S_{[-3,\,3]}^{(4)}$，$\gamma = \dfrac{\beta(4-1)}{3-1} = \dfrac{3}{2}\beta$，则有 $S_{-2}^{(3)} \rightarrow S_{-3}^{(4)}$，$S_{-2/3}^{(3)} \rightarrow S_{-1}^{(4)}$，其他依次类推。同样地，

$$F_{k_2}^{k_1}: S_{[1-k_2,\,k_2-1]}^{(k_2)} \rightarrow S_{[1-k_1,\,k_1-1]}^{(k_1)} \qquad (4-25)$$

$$F_{k_2}^{k_1}(S_\gamma^{(k_2)}) = I_{k_1}^{-1}\left[\frac{I_{k_2}S_\gamma^{(k_2)}(k_1-1)}{k_1-1}\right] = I_{k_1}^{-1}\left[\frac{\beta(k_1-1)}{k_2-1}\right] = S_\beta^{(k_1)} \qquad (4-26)$$

其中，$\beta = \dfrac{\gamma(k_1-1)}{k_2-1}$。

根据式(4-23)至式(4-26)，以多数专家的判断尺度作为基本的语言判断尺度 S^b，将其他粒度的评判值向 S^b 转化，将不同评判标度下的冲突评判值转化为同一标度下的评判值，直接对冲突的语言评判值进行计算，减少不必要的信息丢失。

（3）将服务技术特性冲突判断矩阵中的不确定语言变量转化成确定的语言变量，引入系数 $\tau(0 < \tau < 1)$，对于任何不确定冲突语言判定值 $\widetilde{c_{ijq}} = [c_{ijq}^L, c_{ijq}^U]$，按照下式转化成确定值形式：

$$c_{ijq} = (1-\tau) \times c_{ijq}^L + \tau \times c_{ijq}^U \qquad (4-27)$$

其中，c_{ijq} 表示第 $q(q=1, 2, \cdots, l)$ 个专家对第 i 个技术特性和第 j 个技术特性之间的关系判定值；c_{ijq}^L 和 c_{ijq}^U 分别表示不确定语言评估值的上、下边界；τ 表示冲突判定专家对冲突大小接近上下边界的态度，一般 τ 取值为 0.5，表示专家的中立态度。

利用式(4-27)可以将冲突判断矩阵 $\boldsymbol{M}_{cq}^N = (c_{ijq}^N)_{n \times n}$ 中的所有不确定值形式（区间判断值）的冲突语言评判值转化为粒度一致的确定值形式的冲突语言评判值。相对于区间形式的判断值，确定值形式的判断值便于决策者比较和判断。此时矩阵 $\boldsymbol{M}_{cq}^N$ 中的判断值全部转化为粒度一致的确定值形式 c_{ijq}^N，新的判断矩阵记为：$\boldsymbol{M}_{cq}^a = (c_{ijq}^a)_{n \times n}(q=1, 2, \cdots, l)$。

（4）对冲突判断矩阵所有粒度一致的评判值 c_{ijq}^N 求算术平均，得到一个集结的群冲突判断矩阵 $\boldsymbol{M}_a^c = (c_{ij}^a)_{n \times n}$。

$$c_{ij}^a = \Big[\sum_1^l c_{ijq}^a\Big]/l \qquad (4-28)$$

其中，c_{ij}^a 为集结得到的最终冲突判定值；l 为决策者的人数；$i, j=1, 2, \cdots, n$；$q=1, 2, \cdots, l$。

从而，最终得到集结的技术特性自相关语言变量判断矩阵。

（5）在集结的群语言冲突判断矩阵中，根据冲突判定值的正负来确定是否存在冲突及冲突程度大小。如果有不止一个技术特性冲突，可以根据冲突判定值的绝对值大小排序，绝对值大的服务技术特性冲突应该优先解决。

因为要解决的技术特性冲突存在于有负相关关系的服务技术特性之间，所以，在实际运用中，为了减少计算量，可以只考虑冲突判断矩阵中专家语言判断值为负的自相关关系。对于不相关及正相关的服务技术特性可以不用考虑。

总体来说,基于多粒度混合语言决策的服务技术特性冲突识别方法,允许各个决策者根据自身的经验偏好,选取不同粒度的语言评估标度集,对服务技术特性冲突进行判断。本方法可以直接对语言判断值进行计算,减少冲突判断信息丢失。可以尽可能地挖掘服务设计师的知识、经验,提升技术特性冲突识别的准确性。

4.4.2　基于 TRIZ 的服务技术特性标准化

传统的 TRIZ 冲突矩阵用 39 个通用产品工程属性来描述产品设计中的冲突,也就是把相互冲突的双方特性用这 39 个工程属性中的其中两个来替代。然而,对于产品服务设计领域,服务具有与物质产品不同的特性,因此不能用传统的通用工程属性来描述服务技术特性的冲突。

为将适于工程领域的 TRIZ 技术冲突解决方法延伸至产品服务设计领域,可将服务属性与传统 TRIZ 的冲突矩阵中 39 个工程属性逐一匹配,这里我们提供一种匹配方法。

1) 确定产品服务属性

根据文献研究[50-53],结合实际中对于服务企业的多次调研,我们总结出常见的 7 大类产品服务属性及其涵盖的 29 个具体服务属性,如表 4-4 所示。

表 4-4　常见的产品服务属性

产品服务属性	数量	具体服务属性
服务响应类	4	服务响应、服务供应、服务效率、等待时间
服务弹性类	2	服务需求、服务柔性
服务可靠类	6	服务承诺、可靠性、信息准确性、服务交付准确性、服务补救、服务易逝性
服务表现类	3	服务感知、服务气氛、环境品质
服务易得类	6	可实现性、服务便利性、流程数量、流程复杂性、状态/流程监控与测试难易程度、自助服务
服务安全类	2	服务构件安全性、服务接触中产生的有害结果
服务经济类	6	服务成本、服务效益、服务周期、服务知识、资源损失、信息损失

2) 将产品服务属性与 TRIZ 的 39 个通用产品工程属性进行逐一适配

根据各属性名称、内容的相似程度进行匹配。例如:原始 TRIZ 中"可靠性"属性对应产品服务领域的"可靠性";对于"服务响应"属性,指的是服务商处理客户服务请求和回应的快慢程度,因此,可将其与原始 TRIZ 中"速度"属性相对应;对于"自助服务"属性,指的是在无服务商直接参与的情况下,客户自主完成服务流程的能力,因此,可将其与原始 TRIZ 中"自动化程度"属性(无人操作的情况下完成任务的能力)相对应。类似地,找出其他产品服务属性在原始 TRIZ 中对应的属性。表 4-5 列出了 29 个通用工程属性及与其对应的产品服务属性。通过把一组或多组服务技术冲突用标准服务属性来表示,可以将产品服务设计中的技术特性冲突转化为标准的技术冲突,便于后续进行冲突解决原理的查找。

表 4-5 TRIZ 通用工程属性及对应的产品服务属性

序号	工程属性	工程属性说明	服务属性	服务属性说明
1	速度	物体的速率	服务响应	处理服务请求的速度
2	力量	改变物体状态的任何子系统间的互动	服务供应	服务供应能力强弱
3	压力	子系统所承受的力量	服务需求	服务需求量大小与波动
4	形状	系统的外观轮廓	服务感知	对服务的感知体验
5	结构稳定性	系统完整性及系统组成部分之间的关系	服务承诺	服务质量保证
6	强度	物体抵抗改变的能力	服务知识	服务的专业知识和技能
7	作用时间	物体完成规定动作的时间	服务周期	完成服务所需时间
8	温度	物体或系统所处的热状态	服务气氛	服务环境中所感受到的氛围
9	亮度	单位区域上的光通量	环境品质	服务环境的舒适与整洁程度
10	使用的能量	物体做功的一种度量	服务成本	服务的经济、时间等投入
11	功率	能量的使用率	服务效益	服务投入产出比率
12	能量损失	用不同的技术来改善能量的利用	资源损失	用不同方法改善资源利用
13	物资损失	部分原料、物质永久或暂时的损失	服务易逝性	服务无法储存

（续表）

序号	工程属性	工程属性说明	服务属性	服务属性说明
14	信息损失	部分或全部、永久或临时的数据损失	信息损失	与产品属性同义
15	时间损失	一项活动所延续的时间间隔	等待时间	等待接受服务所需的时间
16	物质的数量	材料、部件及子系统等的数量	流程数量	服务构件及子流程的数量
17	可靠性	系统在规定状态下完成规定功能的能力	可靠性	可靠的履行服务承诺的能力
18	测试精度	系统特征的实测值与实际值之间的误差	信息准确性	获得市场、需求、设备状态等信息的准确性
19	制造精度	系统或物体的实际性能与所需性能之间的误差	服务交付准确性	服务结果满足客户需求的程度
20	物体外部有害因素作用的敏感性	物体对受外部或环境中的有害因素作用的敏感程度	服务构件安全性	人员、设备和环境安全
21	物体产生的有害因素	物体或系统本身运作时所产生的有害效果	服务接触中产生的有害结果	服务人员的态度能力等影响顾客满意度
22	可制造性	物体或系统制造过程中简单、方便的程度	可实现性	实现服务功能的难易程度
23	可操作性	要完成的操作应需要较少的操作者、较少的步骤以及使用尽可能简单的工具	服务便利性	获取服务及其相关信息的容易程度
24	可维修性	对于系统可能出现失误所进行的维修要时间短、方便和简单	服务补救	服务失败后服务补救的速度和能力
25	适应性	物体和系统响应外部变化的能力	服务柔性	服务满足环境变化的能力
26	装置复杂性	系统中元件数目及多样性	流程复杂性	流程数量及客户参与多少
27	监控与测试的困难程度	系统复杂、成本高、需要较长的时间建造及使用，或部件与部件之间关系复杂都使得系统的监控与测试困难	状态/流程监控与测试难易程度	状态/流程监控的成本高、时间长，流程之间的接口关系复杂，可控性差

（续表）

序号	工程属性	工程属性说明	服务属性	服务属性说明
28	自动化程度	无人操作的情况下完成任务的能力	自助服务	客户自助服务程度
29	生产力	单位时间系统完成操作功能的次数	服务效率	单位时间完成的服务项数

具体应用时，需要将设计中具体的服务技术特性转化为 29 个标准服务属性，然后再查找服务冲突矩阵，确定解决方案。例如，对于服务技术特性"备件供应准时"，其对应的标准服务属性为"服务响应"；服务技术特性"备件供应成本低"对应标准服务属性为"服务成本"。

4.4.3 服务技术特性冲突分析及解决

传统 TRIZ 是解决产品设计技术冲突的有效工具，其基本思路为：通过矛盾矩阵识别可能存在的冲突，再利用 40 个创新原理解决，其具体流程如图 4-6 所示。

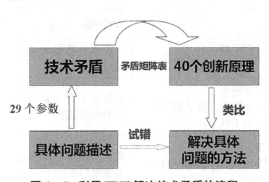

图 4-6 利用 TRIZ 解决技术矛盾的流程

根据表 4-5 中 29 个产品服务属性所对应的原始 TRIZ 中工程属性，套用原始 TRIZ 冲突矩阵中交叉空格内所推荐的发明原理序号，可以构建基于 TRIZ 的产品服务冲突矩阵，如表 4-6 所示。与原始 TRIZ 冲突矩阵类似，产品服务冲突矩阵的首列为产品服务设计过程中需改善的服务属性，而矩阵的首行则为可能会恶化的服务属性，产品服务的冲突矩阵是一个 29 行×29 列的矩阵，矩阵中行列交叉的表格内的数字代表所推荐的服务冲突解决原理序号（对应于表 4-7 中的序号），共计 40 个。例如，对于属性"服务响应"和属性"服务成本"，二者之间可能存在冲突，因为提高服务响应能力往往以增加服务商在人员、网点布局上的投入为代价。也就是说，改善属性"服务响应"可能带来属性"服务成本"的恶化。其中，"服务响应"是待改善属性，而"服务成本"是恶化属性，查询产品服务的冲突矩阵，得到冲突解决原理序号：8,15,35,38。

服务质量特性矛盾矩阵（TRIZ 发明原理编号对照表）

	服务响应	服务供应	服务需求	服务感知	服务承诺	服务知识	服务周期	服务气氛	环境品质	服务成本	服务效益	资源损失	服务易逝性	信息损失	等待时间	流程数量	可靠性	信息准确性	服务交付准确性	服务构件安全性	服务接触/产生的结果	可实现性	服务便利性	服务补救	服务柔性	流程复杂性	状态/流程监控与调试难易程度	自助服务	服务效率
服务响应	/	13,28;15,19	6,18;38,40	35,15;18,34	28,33;1,18	8,3;26,14	3,19;35,5	28,30;36,2	10,13;19	8,15;35,38	19,35;38,2	14,20;19,35	10,13;28,38	13,26	—	10,19;29,38	11,35;27,28	28,32;1,24	10,28;32,25	1,28;35,23	2,24;35,21	35,13;8,1	32,28;13,12	34,2;28,27	15,10;26	10,28;4,34	3,34;27,16	10,18	—
服务供应	13,28;15,12	/	18,21;11	10,35;40,34	35,10;21	35,10;14,27	19,2	35,10;21	—	19,17;10	19,35;18,37	14,15	8,35;40,5	—	10,37;36	14,29;18,36	3,35;13,21	35,10;23,24	28,29;37,36	1,35;40,18	13,3;36,24	15,37;18,1	1,28;3,25	15,1;11	15,17;18,20	26,35;10,18	36,37;10,19	2,35	2,28;35,37
服务需求	6,35;36	36,35;21	/	35,4;15,10	35,33;2,40	9,18;3,40	19,3;27	35,39;19,2	—	14,24;10,37	10,35;14	2,36;25	10,36;3,37	—	37,36;4	10,14;36	10,13;19,35	6,28;25	3,35	22,2;37	2,33;27,18	1,35;16	11	2	35	19,1;35	2,36;37	35;24	10,14;35,37
服务感知	2,28;36,30	10,18;3,14	34,15;10,14	/	13,17;35	30,14;10,40	14,26;9,25	22,14;19,32	13,15;32	2,6;34,14	4,6;2	14	35,29;3,5	—	14,10;34,17	36,22	10,40;16	28,32;1	32,30;40	22,1;2,35	35,1	35,19	32,15;25	2	35,30;34,2	16,29;1,28	15,13;39	15,1;32	17,26;34,10
服务承诺					/				32,3;27,15	13,19	32,35;27,31	14,2;39,6	2,14;30,40	—	35,27	15,32;35	11,3	13	18	35,24;18,30	35,40;27,39	1,32;17,28	32,35;30	2,13;1	35,30;34,2	2,35;22,26	35,22;39,23	1,8;35	23,35;40,3
服务知识						/			35,19	19,35;10	10,26;35,28	35	35,28;31,40	10	29,3;28,10	29,10;27	11,2;13	3,27;16	3,27	18,35;37,1	15,35;22,2	11,3;10,32	32,40;2,3	2,35;10,16	15,3;32	2,13;25,28	27,3;15,40	15	29,35;10,14
服务周期							/		2,19;4,35	28,6;35,18	19,10;35,28	—	28,27;3,18	—	20,10;28,18	3,35;10,40	19,35;3,10	3	3,27;16,40	22,15;33,28	21,39;16,22	27,1;4	12,27	27,11;3	1,35;13	10,4;29,15	19,29;39,35	6,10	35,17;14,19
服务气氛								/	32,30;21,16	19,15;3,17	2,14;17,25	21,17;35,38	21,36;29,31	1,6	35,28;21,18	3,17;30,39	—	32,19;24	24	22,33;35,2	22,35;2,24	26,27	26,27	29,10;27	2,18;27	2,17;16	3,27;35,31	26,2;19,16	15,28;35
环境品质	10,13;19			13,15;32	32,3;27,15	35,19	2,19;4,35	32,30;21,16	/	2,15;19	32	13,16;1,6	13,1	—	19,1;26,17	1,19	19,21;11,27	11,15;32	3,32	15,19	35,19;32,39	19,35;28,26	28,26;19	4,10;16	15,1;19	6,32;13	32,15	2,26;10	2,25;16
服务成本	8,15;35,38	19,17;10	14,24;10,37	2,6;34,14	13,19	19,35;10	28,6;35,18	19,15;3,17	2,15;19	/	6,19;37,18	12,22;15,24	35,24;18,5	—	35,38;19,18	34,23;16,18	19,24;26,31	3,1;32		1,35;6,27	2,35;6	28,26;30	19,35	15,17;13,16	15,17;13,16	2,29;27,28	35,38	28,2;17	12,28;35
服务效益	19,35;38,2	19,35;18,37	10,35;14	4,6;2	32,35;27,31	10,26;35,28	19,10;35,28	2,14;17,25	32	6,19;37,18	/	10,35;38	28,27;18,38	—	35,20;10,6	4,34;19	11,10;35	32,15;2	32,2	19,22;31,2	2,35;18	26,10;34	26,35;10	1,15;17,28	19,17;34	20,19;30,34	19,35;16	2	28,35;34
资源损失	14,20;19,35	14,15	2,36;25	14	14,2;39,6	35	—	21,17;35,38	13,16;1,6	12,22;15,24	10,35;38	/	35,27;2,31	10,19	10,5;18,32	7,18;25	10,29;39,35	32	—	21,22;35,2	21,35;2,22	—	35,32;1	35,2;10,34	—	7,23	35,3;15,23	35,10;18	28,10;29,35
服务易逝性	10,13;28,38	8,35;40,5	10,36;3,37	35,29;3,5	2,14;30,40	35,28;31,40	28,27;3,18	21,36;29,31	13,1	35,24;18,5	28,27;18,38	35,27;2,31	/	19,10	15,18;35,10	6,3;10,24	10,28;23	16,34;31,28	35,10;24,31	33,22;30,40	10,1;34,29	15,34;33	32,28;2,24	2,19	15,10;2	35,10;28,24	35,18;10,13	35	28,35;10,23
信息损失	13,26	—	—	—	—	10	—	1,6	—	—	10,19	19,10	19,10	/	24,26;28,32	24,28;35	10,30;4	—		22,10;1	10,21;22	32	27	2,35;34,27	—	—	35,33	24,28;35,30	13,23;15
等待时间	—	10,37;36,5	37,36;4	4,10;34,17	35,3;22,5	29,3;28,18	20,10;28,18	35,29;21,18	1,19;26,17	35,38;19,18	35,20;10,6	10,5;18,32	35,18;10,39	24,26;28,32	/	35,38;18,16	35,38;18,16	24,34;28,32	24,26;28,18	35,18;34	35,22;18,39	35,28;34,4	4,28;10,34	32,1;10	35,28	6,29	18,28;32,10	24,28;35,30	—

	服务响应	服务供应	服务需求	服务感知	服务承诺	服务知识	服务周期	服务气氛	环境品质	服务成本	服务效益	资源损失	服务易损性	信息损失	等待时间	流程数量	可靠性	信息准确性	服务交付准确性	服务构件安全性	服务接触中产生的有害结果	可实现性	服务便利性	服务补救性	服务柔性	流程复杂性	状态/流程监控与测试难易程度	自助服务	服务效率
流程数量	35,14,34,28	35,14,3	10,36,14,3	35,14	15,2,17,40	14,35,34,10	3,35,10,40	3,17,39	—	34,29,16,18	35	7,18,25	6,3,10,24	24,28,35	35,38,18,16	/	18,3,28,40	13,2,28	33,30	35,33,29,31	3,35,40,39	29,1,35,27	35,29,10,25	2,32,10,25	15,3,29	3,13,27,10	3,27,29,18	8,35	13,29,3,27
可靠性	21,35,11,28	8,28,10,3	10,24,35,19	35,1,16,11	—	11,28	2,35,3,25	3,35,10	11,32,13	21,11,27,19	21,11,26,31	10,11,35	10,35,29,39	10,28	10,30,4	21,28,40,3	/	32,3,11,23	11,32,1	27,35,2,40	35,2,40,26	—	27,17,40	1,11	13,35,8,24	13,35,1	27,40,28	11,13,27	1,35,29,38
信息准确性	28,13,32,24	32,2	6,28,32	6,28,32	32,35,13	28,6,32	28,6,32	6,19,28,24	6,1,32	3,6,32	3,6,32	26,32,27	10,16,31,28	—	24,34,28,32	2,6,32	5,11,1,23	/	—	28,24,22,26	3,33,39,10	6,35,25,18	1,13,17,34	1,32,13,11	13,35,2	27,35,10,34	26,24,32,28	28,2,10,34	10,34,28,32
服务交付准确性	10,28,32	28,19,34,36	3,35	32,30,40	30,18	3,27	3,27,40	19,26	3,32	32,2	3,2	13,32,2	35,31,10,24	—	32,26,28,18	32,30	11,32,1	—	/	26,28,10,36	4,17,34,26	—	1,32,35,23	25,10	13,35,2	26,2,18	26,24,32,28	26,28,18,23	10,18,32,39
服务构件安全性	21,22,35,28	13,35,39,18	22,2,37	22,1,3,35	35,24,30,18	18,35,37,1	22,15,33,28	22,33,35,2	1,19,32,13	1,24,6,27	19,22,31,2	21,22,35,2	33,22,19,40	22,10,2	35,18,34	35,33,29,31	27,24,2,40	28,33,23,26	26,28,10,18	/	—	24,35,2	2,25,28,39	35,10,2	35,11,22,31	22,19,29,40	2,21,27,1	33,3,34	22,35,13,24
服务接触中产生的有害结果	35,10,14	15,17,20	2,33,27,18	27,13,1,39	35,40,27,39	15,35,22,2	15,22,33,31	22,35,2,24	19,24,39,32	2,35,6	2,35,18	21,35,2,22	10,1,34	10,21,29	1,22	3,24,39,1	24,2,40,39	3,33,26	4,17,34,26	24,2	/	—	2,5,13,16	35,1,11,9	2,13,15	19,1,31	6,28,11,1	2	22,35,18,39
可实现性	34,10,28	26,16	19,1,35	14,10,34,40	2,35	2,13,28	11,29,28,27	4,10	15,1,13	15,1,28,16	15,10,32,2	15,1,32,19	2,35,34,27	—	32,1,10,25	2,28,10,25	11,10,1,16	10,2,13	25,10	35,10,2,16	—	/	1,12,26,15	12,26,1,32	15,34,1,16	32,26,12,17	—	1,34,12,3	15,1,28
服务便利性	18,13,34	28,13,35	2,32,12	15,37,1,8	2,22,17,19	32,40,3,28	29,3,8,25	26,27,13	13,17,1,24	1,13,24	35,34,2,10	2,19,13	28,32,2,24	4,10,27,22	4,28,10,34	12,35	17,27,8,40	25,13,2,34	1,32,35,23	2,25,28,39	2,5,12	1,12,26,15	/	12,26,1,32	15,34,1,16	27,9,26,24	15,10,37,28	8,28,1	35,1,10,28
服务补救性	34,9	1,11,10	13	29,13,28,15	2,35	1,11,2,9	11,29,28,27	4,10	15,1,13	15,1,28,16	15,10,32,2	15,1,32,19	2,35,34,27	—	32,1,10,25	2,28,10,25	11,10,1,16	10,2,13	25,10	35,10,2,16	—	1,35,11,10	1,12,26,15	/	7,1,4,16	35,1,13,11	—	34,35,7,13	1,32,10
服务柔性	35,10,14	15,17,20	35,16	27,13,1,39	35,30,14	35,3,32,6	13,1,35	27,2,3,35	6,22,26,1	19,35,29,13	19,1,29	18,15,1	15,10,2,13	32,24,18,16	35,28	3,35,15	35,13,8,24	35,5,1,10	4,17,34,26	35,11,32,31	19,1	1,13,31	15,34,1,16	1,16,7,4	/	15,29,37,28	15,24,10	27,34,35	35,28,6,37
流程复杂性	34,10,28	26,16	19,1,35	—	—	2,13,28	10,4,28,15	2,17,13	24,17,13	27,2,29,28	20,19,30,34	10,35,13,2	35,10,28,29	35,33,27,22	18,28,32,9	13,3,27,10	13,35,1	2,26,10,34	26,24,32	22,19,29,40	27,26,1,13	32,26,12,17	27,9,26,24	1,13	29,15,28,37	/	34,27,25	15,1,24	12,17,28
状态/流程监控与测试难易程度	3,4,16,35	35,36,40,19	35,16	15,32,1,13	18,1	25,13	6,9	26,2,19	8,32,19	2,32,13	28,2,27	23,28	35,10,18,5	35,33	24,28,35,30	35,13	11,27,28,8	26,24,32,28	28,26,18,23	22,19,29,40	2,21,27,1	—	2,5	—	1,15	34,27,25	/	34,21	35,18
自助服务	38,10	2,35	13,35	22,1,18,4	18,1	25,13	6,9	26,2,19	8,32,19	2,32,13	28,2,27	23,28	35,10,18,5	35,33	24,28,35,30	35,13	11,27,28,8	28,26,10,34	2,33	22,19,29,40	2	5,28,11,29	1,16,34,3	2,5	1,15	15,18,37,28	34,27,25	/	5,12,35,26

由 4.2.2 节内容可知,TRIZ 的应用范围已经由原先的工程领域,逐渐扩展至其他的非工程领域。可以对原始 TRIZ 的 40 条冲突解决原理进行适当调整,使之能够较好地解决非工程领域的问题。与传统的产品所具备的工程属性不同,产品服务具备独特的性质(如客户参与、无形性、异质性等),因此,为了解决产品服务设计属性之间的冲突,我们在文献研究[54]和案例调研的基础上,从产品服务设计的角度给 40 条发明原理赋予了新的含义,从而获得了面向产品服务设计的 40 条冲突解决原理,如表 4-7 所示。

表 4-7　40 条冲突解决原理

序号	TRIZ 中的发明原理名称	服务发明原理
1	分割	① 将产品服务划分成不同的产品服务模块,产品服务模块又可以划分成不同的服务构件; ② 针对不同类型的客户/市场开发相对独立的产品服务模块,便于快速随时组合或分割以满足不同需要; ③ 在服务中心将相似服务归类,利用信息系统固化,方便客户自助查询
2	分离	① 将与服务关系不大的任务分离出去,采用外包、专人负责或者通过互联网处理,而服务中心集中处理核心业务; ② 将一般性咨询服务,固定在信息系统或者呼叫中心,使客户不用去服务中心便能获得相关信息
3	局部质量	① 根据客户的需要,通过灵活的服务配置,实现服务便利; ② 服务中心的选址布局差异化; ③ 充分发挥服务人员和客户自身的作用(如客户对故障完整准确的描述有助于快速诊断)
4	不对称	① 提供个性化服务,增强顾客的忠诚度; ② 区别对待不同客户的需求
5	合并	① 相类似的服务捆绑起来提供或者与类似的服务提供商建立协同合作关系; ② 并行地提供不同的服务内容
6	多用性	设计套餐型服务,完成一系列功能,满足不同的客户需求
7	嵌套	① 在核心服务中添加辅助服务,增强客户体验; ② 后台运营部门与前端一线服务部门密切配合沟通,消除壁垒
8	重量补偿	① 用另一项增强服务体验的服务补偿上一项服务可能带来的不良影响; ② 外界有利因素,如顾客的积极参与,提供正向作用(如口碑传播)

（续表）

序号	TRIZ中的发明原理名称	服务发明原理
9	预加反作用	① 服务失效模式预分析,充足应对措施; ② 包退包换承诺或延长售后服务时间或事先免责声明,减少潜在赔偿责任; ③ 服务自助在线或电话查询
10	预操作	① 预先进行专业服务知识技能培训; ② 服务设施、路径的良好布局/状态; ③ 服务调度优化,减少等待时间
11	预补偿	服务能力储备,平衡服务需求
12	等势性	通过信息技术,使顾客在不同的服务中心可以接受同样的服务,减少客户往返距离
13	反向	① 远程服务,不用将设备送至服务中心检修; ② 现场服务,服务人员现场解决问题; ③ 利用客户专业知识自助解决问题
14	曲面化	① 建立服务失效缓冲机制; ② 利用客户与服务、市场人员的反馈,改进服务设计
15	动态化	① 授予一线员工一定的权力(如折扣权,若顾客的订购数量或金额达到一定程度时,自主决定给予一定的优惠等); ② 交叉功能服务团队; ③ 调整服务能力或采取外包策略应对服务需求波动
16	未达到或超过的作用	对可能的服务失效事先通告和解释,避免顾客由于等待而流失,或者通过附加服务超出顾客期望,使其充分满意
17	维数变化	① 多种服务传递方式和渠道; ② 不同层级的服务组织设计; ③ 根据不同的需求特征细分客户市场
18	振动	① 根据服务需求变化,适时调整服务能力与策略,如雇用临时员工; ② 增加服务或其投入的频率; ③ 客户协同参与服务执行
19	周期性作用	① 服务能力随需求动态化调整; ② 采取激励措施影响需求变化(如对高峰需求期等待的客户优惠); ③ 充分利用服务空闲时间培训员工、维护设备
20	有效工作的连续性	① 7天×24小时服务; ② 与客户保持长期持续的沟通和联系
21	紧急行为	减小服务等待时间,快速解决客户抱怨

（续表）

序号	TRIZ 中的发明原理名称	服务发明原理
22	变有害为有益	① 收集、倾听和分析顾客抱怨,改善服务设计; ② 废弃物再利用
23	回馈	① 收集多方回馈信息提高服务质量; ② 增强搜集信息的手段获得反馈
24	中介物	① 发挥中介力量(中间商、一线员工、客户、合作伙伴等); ② 将非核心业务外包给其他公司
25	自服务	① 客户自助配置服务; ② 产品热能、废弃物回收再利用服务
26	复制	① 自动服务系统代替人工服务; ② 远程代替现场服务; ③ 跨行业复制或替代
27	低成本、不耐用的物体代替昂贵、耐用的物体	① 体验试用服务; ② 软件替代硬件
28	机械系统的替代	① 在线实时服务系统替代现场服务; ② 改变服务场所地点,移动式服务
29	气动与液压结构	利用品牌和公司的形象强化服务质量
30	柔性壳体或薄膜	灵活地设置服务时间段或服务区域
31	多孔材料	① 多种服务传递方式; ② 相关利益方参与服务设计
32	改变颜色	① 改变服务设施的空间布局、形状、外观等; ② 部分服务过程可视化、透明化
33	同质化	加强接触,建立论坛或社区促进客户之间相互分享使用经验与知识
34	抛弃与修复	① 更换易耗品、备品备件; ② 应急维修服务
35	参数变化	① 服务电子化/网络化; ② 服务聚焦于某一细分市场; ③ 服务灵活多样; ④ 服务环境适宜
36	状态变化	在产品的不同生命周期阶段推出不同服务内容
37	热膨胀	① 可变的服务能力; ② 使用掌握多种技能的服务员工

(续表)

序号	TRIZ 中的发明 原理名称	服务发明原理
38	加速强氧化	开放式的客户参与,充分利用客户知识与经验
39	惰性环境	相对独立的服务环境
40	复合材料	将一种服务与其他服务或有形服务的内容组合在一起

例如,对于原始 TRIZ 中的发明原理 2"分离"原理,其包含以下两个子原理:

(1) 将一个物体中的"干扰"部分分离出去;

(2) 将物体中的关键部分挑选或分离出来。

结合产品服务的领域知识,相应地,发明原理 2(分离原理)调整如下:

(1) 将与服务关系不大的任务分离出去,采用外包、专人负责或者通过互联网处理,而服务中心集中处理核心业务;

(2) 将一般性咨询服务,固定在信息系统或者呼叫中心,使客户不用去服务中心便能获得相关信息。

类似地,可以得到其他原始 TRIZ 中的发明原理所对应的服务发明原理,即冲突解决原理。

由此,产品服务设计师可以根据具体服务技术特性冲突,查找产品服务冲突矩阵,得到推荐的服务冲突解决原理,然后根据这些原理,结合领域知识制订具体的冲突解决方案。

4.5   产品服务需求转化与冲突
解决的应用流程

基于服务 TRIZ 和服务质量屋的服务技术特性冲突解决方法的具体运用步骤和流程如图 4-7 所示,总结如下。

(1) 获取产品服务的客户需求。可以利用第 2 章提出的客户活动周期分析模型来识别客户需求,确定其重要度,在此不再详述。

(2) 考虑各相关利益方和外部环境的影响,利用服务功能特性场景图导出服务技术特性。

(3) 构建产品服务质量屋。结合企业自身能力和资源,利用以上步骤导出

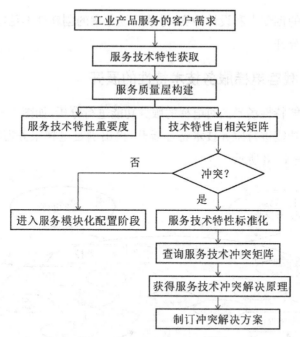

图 4-7　基于服务 TRIZ 和服务质量屋的服务技术特性冲突解决流程

的客户需求及其对应的服务技术特性,建立服务质量屋模型。

（4）确定服务技术特性的重要度。利用基于粗糙灰色关联分析的重要度转化方法,对质量屋中的数量关系进行分析,得出各服务技术特性的重要度。

（5）识别服务技术特性的冲突。利用多粒度混合语言信息决策方法,确定服务技术特性冲突,并分别识别出待改善的特性和有可能恶化的特性。

（6）服务技术特性标准化。用标准服务属性来描述上一步中确定的服务技术特性冲突。

（7）查询服务技术冲突解决矩阵,获取服务技术冲突解决原理。

（8）选择合适的服务冲突解决原理,结合领域知识,制订冲突解决方案。

4.6　应用案例——载客电梯服务
需求向技术特性的转化

本节继续沿用 2.3.7 节 M 公司的电梯产品服务案例进行研究。目前来看,M 公司为客户提供的载客电梯服务种类与主要竞争对手差别不大,设计过程中难以发现潜在的创新点和设计冲突,导致后续方案的创新性不足,无法与市场上其他竞争者区分开。

4.6.1 载客电梯服务技术特性的展开

用服务功能特性场景图对电梯的服务功能进行分析,如图4-8所示。针对各项电梯服务功能进行服务技术特性展开,得出满足电梯服务需求的各项服务技术特性,如表4-8所示。

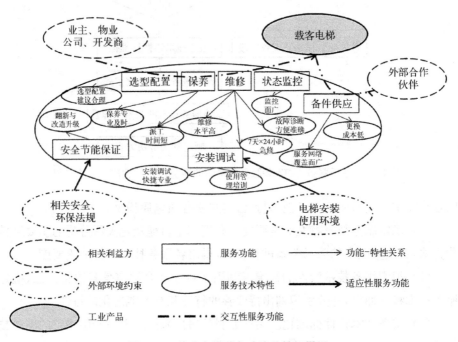

图4-8 载客电梯服务功能特性场景图

表4-8 载客电梯的服务技术特性表

编　号	电梯服务技术特性	编　号	电梯服务技术特性
TA$_1$	选型配置建议合理	TA$_7$	维修水平高
TA$_2$	安装调试快捷专业	TA$_8$	备件更换成本低
TA$_3$	状态监控面广	TA$_9$	服务网络覆盖面广
TA$_4$	故障诊断方便准确	TA$_{10}$	维保派工时间短
TA$_5$	保养专业及时	TA$_{11}$	7天×24小时急修
TA$_6$	使用管理培训	TA$_{12}$	翻新与改造升级

4.6.2　载客电梯服务质量屋的构建

结合前面 3.3.5 节中导出的电梯服务的客户需求及其重要度,电梯服务设计工程师分析各个客户需求与服务技术特性之间的关联程度,分别以 1、3、5、7、9 表示,构建电梯服务质量屋关系矩阵,实现电梯服务需求到服务技术特性之间的映射转化,如表 4-9 所示。

表 4-9　电梯服务的初始服务质量屋

客户需求	客户需求重要度	服务技术特性							
		TA_1	TA_2	TA_3	TA_4	…	TA_{10}	TA_{11}	TA_{12}
R_{11}	[0.014, 0.022]	9, 9, 7, 7, 9				…			
R_{12}	[0.040, 0.064]	3, 3, 1, 3, 3	9, 7, 9, 9, 9			…	5, 5, 5, 3, 5	3, 5, 3, 3, 5	
R_{21}	[0.593, 1.000]	1, 1, 3, 1, 3	5, 5, 5, 3, 5	9, 7, 7, 9, 9	9, 9, 7, 7, 7	…		7, 5, 5, 5, 5	5, 5, 7, 7, 5
R_{22}	[0.156, 0.278]	3, 1, 3, 3, 3	5, 5, 3, 5, 3	7, 5, 7, 5, 7		…			5, 3, 3, 3, 3
R_{23}	[0.096, 0.169]		7, 7, 7, 5, 7			…	5, 3, 3, 33		9, 9, 7, 9, 7
R_{31}	[0.130, 0.194]			5, 5, 7, 5, 7	7, 5, 5, 5, 5	…			
R_{41}	[0.247, 0.475]			5, 7, 7, 5, 5		…	7, 9, 7, 7, 7	7, 5, 7, 5, 7	
R_{42}	[0.067, 0.129]					…	7, 5, 5, 7, 7	7, 9, 7, 9, 9	
R_{51}	[0.074, 0.123]	5, 7, 7, 5, 7	3, 3, 3, 3, 3			…			7, 9, 7, 7, 9

4.6.3　载客电梯服务技术特性重要度的确定

为了利用粗糙灰色关联分析法确定电梯服务技术特性的重要度,需要将服务质量屋中的需求与技术特性之间的关联值转化成粗糙数形式,如表 4-10 所示。结合客户需求的权重,根据式(4-6)至式(4-10),计算得到加权归一化的粗糙关联矩阵,如表 4-11 所示。

表 4-10　电梯服务客户需求和服务技术特性之间的粗糙关联矩阵

客户需求	服务技术特性					
	TA_1	TA_2	TA_3	...	TA_{11}	TA_{12}
R_{11}	[7.663, 8.645]			...		
R_{12}	[2.020, 2.871]	[8.221, 8.910]		...	[3.255, 4.160]	
R_{21}	[1.192, 2.020]	[4.160, 4.899]	[7.663, 8.645]	...	[5.068, 5.701]	[5.277, 6.201]
R_{22}	[2.020, 2.871]	[3.606, 4.608]	[5.644, 6.633]	...		[3.062, 3.606]
...	...	...	...	...	...	...
R_{42}				...	[7.663, 8.645]	
R_{51}	[5.876, 6.814]	[3.000, 3.000]		...		[7.287, 8.221]

表 4-11　电梯服务的加权归一化粗糙关联矩阵

客户需求	服务技术特性					
	TA_1	TA_2	TA_3	TA_4	...	TA_{12}
R_{11}	[0.012, 0.022]				...	
R_{12}	[0.009, 0.020]	[0.037, 0.064]			...	
R_{21}	[0.079, 0.227]	[0.277, 0.550]	[0.510, 0.970]	[0.485, 0.923]	...	[0.351, 0.696]
R_{22}	[0.035, 0.090]	[0.063, 0.144]	[0.099, 0.207]		...	[0.054, 0.113]
R_{23}		[0.069, 0.135]			...	[0.085, 0.169]
R_{31}			[0.082, 0.143]	[0.080, 0.134]	...	
R_{41}			[0.152, 0330]		...	
R_{42}					...	
R_{51}	[0.053, 0.102]	[0.027, 0.045]			...	[0.066, 0.123]

根据式(4-11)和式(4-12),从表 4-11 中可以得出参考序列为: $v_0(i)=$ {0.022, 0.064, 1.000, 0.278, 0.169, 0.194, 0.475, 0.129, 0.123}。从而,根据式(4-13)和式(4-14)得到表 4-11 中各关联值与其理想参考值之间的偏离系数,如表 4-12 所示。

表 4-12　电梯服务的粗糙关系偏离系数

客户需求	服务技术特性									
	TA_1	TA_2	TA_3	TA_4	TA_5	TA_6	TA_7	TA_8	…	TA_{12}
R_{11}	0.010	0.022	0.022	0.022	0.022	0.016	0.022	0.022	…	0.022
R_{12}	0.055	0.027	0.064	0.064	0.064	0.064	0.064	0.064	…	0.064
R_{21}	0.921	0.723	0.490	0.515	0.453	0.624	0.760	1.000	…	0.649
R_{22}	0.243	0.215	0.179	0.278	0.134	0.243	0.278	0.189	…	0.225
R_{23}	0.169	0.100	0.169	0.169	0.088	0.088	0.088	0.129	…	0.084
R_{31}	0.194	0.194	0.112	0.113	0.113	0.194	0.142	0.078	…	0.194
R_{41}	0.475	0.475	0.323	0.475	0.475	0.475	0.475	0.475	…	0.475
R_{42}	0.129	0.129	0.129	0.129	0.129	0.129	0.129	0.129	…	0.129
R_{51}	0.071	0.096	0.123	0.123	0.091	0.123	0.123	0.123	…	0.058

根据式(4-15)计算各项电梯服务技术特性的灰色关联系数,其中分辨系数 $\xi=0.5$,计算结果列于表 4-13,进而根据式(4-16)可以得到每项服务技术特性对应的灰色关联度,根据灰色关联度的大小可以得出各项电梯服务技术特性的权重(见表 4-13)。从表中可以看出,TA_5(保养专业及时)和 TA_3(状态监控面广)是满足客户服务需求的关键技术特性。所以从总体来看,所有电梯服务技术特性的权重分布较为均匀。

表 4-13　电梯服务技术特性的灰色关联系数和灰色关联度

服务技术特性	灰色关联系数						灰色关联度 Γ_j	排序	权重
	R_{11}	R_{12}	R_{21}	…	R_{42}	R_{51}			
TA_1	1.000	0.919	0.359		0.810	0.893	0.743	9	0.081 5
TA_2	0.977	0.968	0.417		0.810	0.855	0.761	4	0.083 4
TA_3	0.977	0.904	0.515		0.810	0.818	0.776	2	0.085 2

（续表）

服务技术特性	灰色关联系数						灰色关联度 Γ_j	排序	权重
	R_{11}	R_{12}	R_{21}	…	R_{42}	R_{51}			
TA_4	0.977	0.904	0.502		0.810	0.818	0.753	7	0.082 6
TA_5	0.977	0.904	0.535		0.810	0.862	0.790	1	0.086 7
TA_6	0.987	0.904	0.453		0.810	0.818	0.754	6	0.082 7
TA_7	0.977	0.904	0.405		0.810	0.818	0.750	8	0.082 3
TA_8	0.977	0.904	0.340		0.810	0.818	0.756	5	0.082 9
TA_9	0.980	0.928	0.340		0.888	0.818	0.753	7	0.082 6
TA_{10}	0.977	0.935	0.340		0.871	0.818	0.756	5	0.082 9
TA_{11}	0.977	0.928	0.438		0.895	0.818	0.760	4	0.083 4
TA_{12}	0.977	0.904	0.444		0.810	0.914	0.765	3	0.083 9

4.6.4 载客电梯服务技术特性的冲突识别与标准化

分析各个电梯服务技术特性之间的自相关关系，因为服务技术特性冲突存在于有负相关关系的特性之间，所以，这里考虑冲突判断值为负的自相关关系即可，其他两两正相关和不相关的技术特性，在这里就不再列出。5 位设计人员分别用不同粒度的混合语言变量对电梯服务技术特性自相关关系做出评判，得到可能存在负相关的服务技术特性集分别如下。

（1）"TA_1 选型配置建议合理—TA_2 安装调试快捷专业"潜在冲突语言评判集合为：$\{[S_0^{(4)}, S_{-1/2}^{(4)}], S_{-2}^{(5)}, [S_{2/3}^{(3)}, S_2^{(3)}], S_{4/3}^{(4)}\}$；

（2）"TA_3 状态监控面广—TA_4 故障诊断方便准确"潜在冲突语言评判集合为：$\{[S_{-3}^{(4)}, S_{-4/3}^{(4)}], S_{-3}^{(4)}, S_{-1}^{(5)}, [S_{-2/3}^{(3)}, S_0^{(3)}], S_{-1/2}^{(4)}\}$；

（3）"TA_9 服务网络覆盖面广—TA_{10} 维保派工时间短"潜在冲突语言评判集合为：$\{[S_{-3}^{(4)}, S_{-4/3}^{(4)}], S_{-1/2}^{(4)}, S_{-2}^{(5)}, [S_{-2}^{(3)}, S_{-2/3}^{(3)}], S_{-4/3}^{(4)}\}$。

根据式(4-23)至式(4-26)，将不同粒度的混合语言变量进行一致化处理，转化为以基本语言为尺度的技术特性自相关判断集。

（1）"TA_1 选型配置建议合理—TA_2 安装调试快捷专业"潜在冲突语言评判集合为：$\{[S_0^{(4)}, S_{1/2}^{(4)}], S_{-4/3}^{(4)}, S_{-3/2}^{(4)}, [S_0^{(4)}, S_1^{(4)}], S_3^{(4)}\}$；

（2）"TA_3 状态监控面广—TA_4 故障诊断方便准确"潜在冲突语言评判集合

为：$\{[S^{(4)}_{-4/3},\ S^{(4)}_{-1/2}],\ S^{(4)}_{-3},\ S^{(4)}_{-3/4},\ [S^{(4)}_{-1},\ S^{(4)}_0],\ S^{(4)}_{-4/3}\}$；

（3）"TA_9 服务网络覆盖面广—TA_{10} 维保派工时间短"潜在冲突语言评判集合为：$\{[S^{(4)}_{-4/3},\ S^{(4)}_0],\ S^{(4)}_{-3},\ S^{(4)}_{-3/2},\ [S^{(4)}_{-3},\ S^{(4)}_{-1}],\ S^{(4)}_{-4/3}\}$。

然后，将不确定区间值形式的语言变量转化成确定值形式的语言变量(系数 $\tau=0.5$)，同时将所有粒度一致的专家语言判断值集结为一个群语言判断值。其中，"TA_1 选型配置建议合理—TA_2 安装调试快捷专业"潜在冲突语言评判值为 $S^{(4)}_{0.183}$；"TA_3 状态监控面广—TA_4 故障诊断方便准确"潜在冲突语言评判值为 $S^{(4)}_{-1.3}$；"TA_9 服务网络覆盖面广—TA_{10} 维保派工时间短"潜在冲突语言评判值为 $S^{(4)}_{-1.4}$。

由 $S^{(4)}_{-1.4}<S^{(4)}_{-1.3}<S^{(4)}_0<S^{(4)}_{0.183}$，可知 TA_3（状态监控面广）和 TA_4（故障诊断方便准确）之间存在潜在冲突，TA_9（服务网络覆盖面广）和 TA_{10}（维保派工时间短）之间也存在冲突。

实际上，随着电梯智能化和结构复杂化的程度不断上升，每台电梯需要监测的信息越来越多，而服务区域的电梯数量往往是几十台，甚至上百台，从而加大了电梯运行状态记录和监测信息的难度，信息的冗余也增加了故障分析的准确性，因为在资源、时间有限的情况下，快速识别出故障相关的有效信息是比较困难的。这就造成服务技术特性 TA_3（状态监控面广）和 TA_4（故障诊断方便准确）之间潜在的冲突。

此外，随着服务范围的扩大，客户获得电梯相关服务越来越便利，但是服务网络越来越复杂，服务人员和服务半径也逐渐增加，服务派工就会变得困难。在有限的服务资源条件下，服务范围的扩大势必会增加服务派工时间，最终增加客户的等待时间，从而造成 TA_9（服务网络覆盖面广）与 TA_{10}（维保派工时间短）的冲突。

将以上识别出的两对冲突，分别进行服务技术特性标准化，也即用标准服务属性来描述冲突。通过查询表 4-5，可知：TA_3（状态监控面广）对应标准服务属性"状态/流程监控与测试难易程度"，TA_4（电梯故障诊断方便准确）对应标准服务属性"信息的准确性"，其中，"状态/流程监控与测试难易程度"为待改善的服务设计属性，而"信息的准确性"为冲突可能引起恶化的属性。TA_9（服务网络覆盖面广）对应标准服务属性"服务便利性"，TA_{10}（维保派工时间短）产生冲突对应标准服务属性"等待时间"，其中，"服务便利性"为待改善的服务设计属性，而"等待时间"为冲突可能引起恶化的属性。

4.6.5 载客电梯服务技术特性冲突分析及解决

通过查询产品服务冲突矩阵(表 4 - 6),可以得到,服务技术特性冲突"TA_3 状态监控面广—TA_4 故障诊断方便准确"对应的服务冲突解决原理为 24、26、28、32;服务技术特性冲突"TA_9 服务网络覆盖面广—TA_{10} 维保派工时间短"对应的服务冲突解决原理为:4、10、28、34。服务冲突解决原理的具体内容见表 4 - 14。

表 4 - 14 为解决电梯服务技术特性冲突而推荐的解决原理

改善的服务属性	可能恶化的服务属性	推荐的创新原理
状态/流程监控与测试难易程度	信息的准确性	24. 中介物 (1) 发挥中介力量(中间商、一线员工、客户、合作伙伴等); (2) 将非核心业务外包给其他公司。 26. 复制 (1) 自动服务系统代替人工服务; (2) 远程代替现场服务; (3) 跨行业复制/替代。 28. 机械系统的替代 (1) 在线实时服务系统替代现场服务; (2) 改变服务场所地点,移动式服务。 32. 改变颜色 (1) 改变服务设施的空间布局、形状、外观等; (2) 部分服务过程可视化、透明化
服务便利性	等待时间	4. 不对称 (1) 提供个性化服务,增强顾客的忠诚度; (2) 区别对待不同客户的需求。 10. 预操作 (1) 预先进行专业服务知识技能培训; (2) 服务设施、路径的良好布局/状态; (3) 服务调度优化,减少等待时间。 28. 机械系统的替代 (1) 在线实时服务系统替代现场服务; (2) 改变服务场所地点,移动式服务。 34. 抛弃与修复 (1) 更换易耗品、备品备件; (2) 应急维修服务

针对服务技术特性冲突"TA_3 状态监控面广—TA_4 故障诊断方便准确",根

据表 4-7 得到冲突解决原理,电梯服务设计人员认为"中介物"原理中"发挥中介力量(中间商、一线员工、客户、合作伙伴等)"和"复制"原理中"自动服务系统代替人工服务,远程代替现场服务"最有可能实现冲突的解决。以此为解决方向,借助远程服务中心、故障诊断预测终端和电梯控制器,实现方便高效地监测电梯状态信息和快速获取准确的故障诊断结果。其具体步骤为:首先,通过电梯外围的传感器,采集电梯楼层、速度、门状态、蹲底故障、冲顶故障、维保状态等信息;然后,利用通用分组无线服务(general backet radio service,GPRS)通讯模块将这些信息传送到电梯运行管理平台;接着,电梯运行管理平台通过对异常和故障数据挖掘,获得故障特征信息,并将故障特征信息保存在电梯故障诊断预测终端的故障案例库中;由此,当电梯运行出现问题时,根据故障特征检索电梯故障知识库的知识或案例,获得与新电梯故障问题具有最相似特征的信息,实现故障的快速诊断。这里采用的是基于案例推理(case-based reasoning)的故障诊断方法。

针对冲突"TA_9 服务网络覆盖面广—TA_{10} 维保派工时间短",电梯服务设计人员认为"预操作"原理为设计冲突的解决指明了方向——基于服务资源和服务路径优化的精准派工。其具体解决步骤为:首先,将客户关系管理(customer relationship management,CRM)系统、维保信息系统、呼叫中心平台(call centre)和 GPS 定位系统进行整合,并针对客户服务请求或电梯状态监控信息,由呼叫中心座席在呼叫中心平台根据客户请求的具体内容、电梯地理位置信息、服务工程师的知识经验和技能、值班状况等情况,进行综合判断;在此基础上,预先计算出最优服务路径,然后指派最符合要求的服务工程师,按照最优服务路径前去服务;呼叫中心平台创建的服务单会自动生成派工单传递至 CRM 系统,CRM 系统会自动发送带自动语音提示的短信,同时发送派工短信给服务工程师;服务工程师在接到派工短信和自动语音提示短信后,必须在 3 分钟内响应,若 3 分钟未响应,此工单会自动升级到服务站长,若服务站长 3 分钟内未响应工单,则此工单会自动升级到分公司服务经理;如果服务工程师因特殊原因无法受理派工单,必须及时在手持终端中点击"委派他人"给其他服务工程师受理,随后呼叫中心平台会自动发送一条信息给受理的服务工程师;完成服务任务分派之后,客户会收到一条来自呼叫中心平台的提醒信息,便于其做准备和监督服务过程。基于服务资源和服务路径优化的精准派工能够对服务路线进行优化,GPS 定位系统有利于实现服务资源的优化调配,不但可以缩短派工时间、提高服务效率,还可以对服务工程师的服务过程进行管控和监督。

4.7 本 章 小 结

在本章,我们首先提出了服务技术特性的导出方法、客户需求向服务技术特性的映射方法以及技术特性冲突的解决方法。同时也构建了基于粗糙灰色关联分析的服务质量屋模型,该模型能较好地处理服务需求向服务技术特性映射的主观性和不确定性因素的影响,为后续产品服务方案的配置优化提供准确的设计信息输入。此外,本章也将 TRIZ 冲突解决思想引入产品服务设计领域,提出了服务属性、服务冲突矩阵和服务发明原理等工具,以解决可能出现的服务技术特性冲突,并给出具体的步骤和方法。

本章将服务质量屋和改进的面向产品服务的 TRIZ 冲突解决方法集成起来,实现了二者的优势互补。服务质量屋为工业产品服务方案设计指明了方向和目标,体现了以客户为中心的设计思想;而服务 TRIZ 能够有效协调和解决设计目标中的冲突,增强后续服务方案的质量和可靠性。因此,该方法能有效地将模糊的服务需求转化成明确的服务技术特性,方便服务设计师在设计过程中使用,技术特性的权重优先级的确定为后续基于服务模块的方案配置提供了重要输入。面向产品服务的 TRIZ 冲突解决方法不但能够帮助服务设计师识别出服务技术特性冲突,还能推荐可参考的服务冲突解决原理,降低冲突解决的随机性和盲目性,减少后续服务方案的失效频次。相比传统 TRIZ 中使用物质-场模型来解决冲突,本章的方法不需要过多的 TRIZ 系统知识,更便于设计人员掌握,因此本章所提方法具有较大的实操价值。

第5章
产品服务的模块化

5.1 引　言

为了快速地响应客户种类繁多、个性多样的产品服务需求,产品服务提供商可以在产品服务设计过程中使用一些通用的服务模块,以便共享设计资源,降低设计成本,缩短产品服务的交付时间。而服务模块是由具备一定相互关联关系的服务构件聚合而成,利用服务模块可以有效减少设计冗余,提升设计资源利用率,也便于后续产品服务的配置,简化整个产品服务方案的设计过程。此外,产品服务方案的种类也可以通过不同服务模块的配置而大为丰富,增加客户的选择空间。然而,构成产品服务的元素涉及服务人员、服务对象和服务过程等内容,这些都使得服务的内容和结构更加复杂和灵活。

因此,本章提出了一种系统化的产品服务模块化方法,能为实现产品服务方案的快速配置提供基础。在本章,我们将首先介绍模块化产品服务及其层次;之后介绍一种产品服务蓝图技术,并利用它梳理出服务流程和服务资源等构件,在此基础上,识别出所有相关服务构件;接着,对服务构件的相关度进行相关分析,建立服务构件之间的关系矩阵;然后采用基于复杂网络分析的方法把待识别出的服务构件聚合成服务模块;最后,采用基于主、客观集成权重的模糊逼近理想解(fuzzy technique for order preference by similarity to an ideal solution, fuzzy - TOPSIS)方法对备选模块化方案进行综合评价,得到理想的产品服务模块化方案。

5.2　模块化产品服务及其层次结构

模块化是指解决一个复杂问题时自顶向下逐层把系统划分成若干模块的过程,各模块有着不同的属性,通过模块的组合可以有效反映出系统的特点。在工业领域,模块化是一种常见的设计与制造方式,通过模块化可以最大化地设计重用,以最少的模块、更快速地满足客户更多的个性化需求。

现在很多学者与企业人士将这一思想拓展到服务领域,提出了服务模块化的思想。它是指企业运用模块化思想与方法,架构服务产品与服务流程系统,提高服务质量与服务效率,向顾客提供服务价值选择权的创新活动。

5.2.1　模块化产品服务

一套完整的产品服务方案涉及多种服务流程、资源和活动,往往可以聚合成不同的服务模块。一般来说,产品服务中的服务模块内部的聚合性较强,各模块可以具备一定的服务功能;各个服务模块之间的耦合性较弱,相互影响关系不大;服务模块可以按照一定的规则进行配置组合,实现不同的服务功能。

因此,模块化产品服务是指,为了满足客户的需求,在分析服务流程和服务资源的基础上,将产品服务分解成不同的服务构件,通过分析这些构成要素的相互关系,将联系紧密的服务构件聚集在一起形成服务模块,以此来降低设计过程中的复杂性和设计成本。

产品服务模块化的过程,实际上就是将产品服务流程、资源等要素聚集为功能独立、接口标准、耦合松散和模块内聚性强的服务构件的过程。这些服务构件可以在服务设计中重复使用。模块化产品服务的优点在于,它可以在基本不影响其他服务模块的情形之下,通过改变服务模块的内部要素就可以满足新的变化。进而,通过不同的服务模块组合,就可以获得不同的产品服务方案,帮助产品服务提供商降低服务设计成本。

服务模块一般是指由相关关系较强的服务构件结合而成的单元,这些组成单元的服务构件与其他服务构件的关联性较弱。服务模块与传统的产品模块不同之处如表5-1所示。

表 5-1　产品模块与服务模块的不同之处

模块类别	主要构成要素	模块接口	模块特性	表达形式
产品模块	产品零件、部件、组件、功能指标等	物理零部件之间的接口；标准化硬件与技术接口	通过调整设计参数来调整产品性能	产品设计图
服务模块	服务功能、服务对象、服务资源、服务流程、活动等	服务合同、协议规定的功能组合接口；服务任务计划书规定的流程接口	通过服务能力计划、服务接触方式来控制服务水平	服务流程图

服务模块是由不同的服务构件组合而成的,这些服务构件是产品服务中不可分割的基本构造单元。因此,在产品服务模块化过程中,服务构件的识别是服务模块构建的首要步骤。服务构件之间存在相互依赖和影响关系,改变某一项服务构件的属性,会影响到另一项服务构件的属性。并且,不同服务构件之间的相互关系强弱不同。模块化实际上就是将交互关系比较强的服务构件聚合在一起。而不同模块中的服务构件之间的依赖关系较弱,从而使不同的服务模块之间具备了较好的相互独立性。

5.2.2　模块化产品服务的层次结构

产品服务可以通过三个层面来描述:

第一层面是服务结果(功能)层,描述的是服务的结果,也就是服务所能提供的功能,客户可以看见或感受到服务的结果;

第二层面是服务流程层,描述的是产生服务结果的使能流程;

第三层面是驱动服务流程以实现服务结果的服务资源层,包括设备资源、服务人力资源和信息资源等。

产品服务模块的层次模型如图 5-1 所示。

服务功能是满足客户需求的抽象化表达,也是服务模块所能实现的目的和意图,设计师可以对服务功能进行设定和修改。服务功能作为能够满足客户需求的设计属性,反映了客户对产品服务的要求和期望。服务功能的实现需要借助一定的服务流程,而服务流程是服务功能的承载体,它由一系列的服务作业活动构成。服务流程大多需要客户的参与,客户的参与是构成产品服务运作的重要组成部分之一。服务资源是支持服务流程实现某种功能的重要输入,是用来设计和交付服务的要素。不同的服务流程之间可以共享某项资源,可能有些服

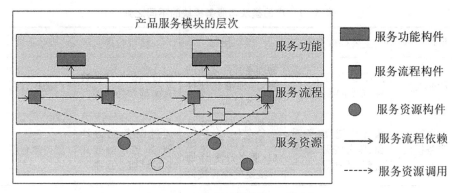

图5-1　产品服务模块的层次结构

务流程对一部分服务资源有独占性,即只有完成这项流程,服务资源才会被重新释放,以便其他流程来调用该资源。

可以看出,一项产品服务一般由一系列相互关联的作业活动、资源和流程组成。服务资源(服务前提条件)可认为是服务系统的输入(主要包括服务人员、设备和信息),服务流程是服务系统满足客户需求的相关活动,而服务功能则是服务流程的最终输出。分析一项服务模块首先要从流程的视角着手,因为产品服务的定义大多建立在流程的基础上。当然,实践中,服务流程有时可能直接是客户购买的对象,如设备保养流程;有时可能是产生预期服务结果的手段,如设备急修流程是为了快速恢复产品的正常功能。

5.3　基于产品服务蓝图的服务构件识别

创建产品服务模块首先必须对目标服务进行分解,确立最基本服务构件(不同的服务流程、活动、资源等要素),产品服务设计师必须对服务人员、服务流程及其资源等通盘考虑,明确现有的服务能力。一般来说,服务模块化起始于将目标服务分解成不同的模块和构件,然而在实践中,这是比较复杂的,因为准确地描述一项服务是产品服务设计中的难点之一。产品设计中可以量化的要素(如产品规格、公差等)很少能用到服务设计中。针对产品服务本身的无形性,学术界也鲜有比较实用的服务设计方法。此外,产品服务构件之间的相互关联也使得服务难以描述和表达。

因此,本章提供了一个服务构件识别工具——产品服务蓝图(product

service blueprint），用来反映各类不同的服务构件之间的复杂关系。产品服务蓝图可以涵盖服务系统所有相关要素，展现服务系统的整体视图，从而方便设计师识别出产品服务中的所有服务构件，为服务模块的构建奠定基础。与传统的服务蓝图工具相比，这里我们提出的产品服务蓝图融合了物质产品的使用特征和相关服务行为交互关系，可以用来描述服务和识别服务构件。

产品服务蓝图从产品服务功能（服务目的）、使能流程和服务资源的角度考虑，总体上将产品服务分区表达为产品活动域、服务活动域和资源支持域。其中，产品活动域是产品服务要实现的目的和功能，包含了产品使用和管理相关的活动；服务活动域是实现产品活动域中服务目的和功能的保障，包含了保障产品发挥正常功能的一系列服务活动；服务资源支持域是支持服务活动域和产品活动域实现的基础，因为它提供了产品服务赖以实现的底层服务资源。对产品服务的分区表达和描述有助于设计师清晰地获得产品服务的结构。

如图 5-2 所示，产品服务蓝图中有四条分界线，它们分别是产品服务分界线、产品使用分界线、服务可视化分界线和资源支持分界线。产品服务蓝图中的四条分界线分别将产品服务分割为五个不同的功能区域，分别是产品使用域、产品管理域、可视服务域（服务前台）、不可视服务域（服务后台）和资源支持域，并且所有的服务构件都采用统一的符号进行规范化表达。可以看出，产品服务蓝图体现了客户、产品和服务三者的交互。

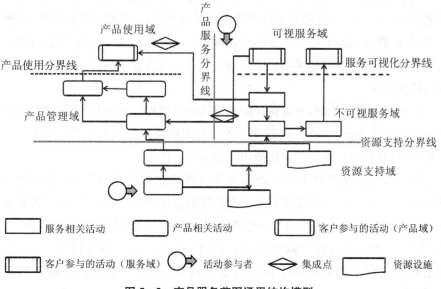

图 5-2　产品服务蓝图通用结构模型

首先,产品服务分界线将产品服务蓝图划分为产品活动域和服务活动域,主要用以描述产品运行使用过程和服务之间的交互关系。产品域中包含了与产品使用相关的活动流集合(包括产品使用和管理的相关活动),服务域包含了产品服务中无形服务的相关活动集合(包括可视和不可视的服务活动、作业)。

其次,产品使用分界线又将产品域划分为产品使用域和产品管理域,用以描述产品在使用过程中的产品功能与后台支持活动、软件等的交互。产品使用域中包含了产品在使用过程中所必须具备的核心活动集合,而产品管理域中包含了产品在使用前后的调试、状态监测等管理活动,以及使用过程中通过软件支持其完成核心功能的支撑活动集合。产品功能域和产品管理域中的各类活动间的交互关系可以利用功能系统图的物质流、能量流和信息流进行表示。

再次,服务可视化分界线将服务域划分为可视服务域和不可视服务域,用以描述客户可以直接感知和不可直接感知的服务活动之间的交互关系。其中,可视服务域中包含了客户能够感知、并且能直接参与的可视化服务活动集;而不可视服务域中包含了客户不可感知、只能间接获得的一些不可视化服务活动集。服务域中的各类活动间的交互关系也可以利用功能系统图的物质流、能量流和信息流来表示。

最后,资源支持分界线将整体服务分为资源支持域和服务实现域。资源支持域主要包括支持产品服务实现和交付的关键资源,包括服务工具库资源、服务人力资源、服务调度中心及相关支持软件等。而服务实现域包括产品使用域、产品管理域、可视服务域和不可视服务域的所有活动内容,这些活动需由服务资源的支持而实现。

通过产品服务蓝图,服务设计师可以将服务过程中所涉及的服务构件(流程活动、资源、角色等)及构件间的交互关系直观形象地展示出来,图5-2中不同方框所表示的流程、资源就是所要识别的服务构件。

产品服务蓝图提供了一种产品服务分区表达的方法,而且还可以逐一描述各区域服务过程的步骤细节。它不但能够从多维角度(客户角度、服务商角度等)完整地表达服务的内容,也能详尽地刻画整个服务所涉及的流程、活动、资源、设施、人员等之间的关系。因此,通过产品服务蓝图这一工具,可以有效地识别出产品服务中的各类服务构件,为后续服务模块的创建奠定基础。

5.4 服务构件间的内在关系分析

由5.2节和5.3节中的分析可知,产品服务所包含的要素众多,而且要素之间的交互关系复杂。所以,要分析各个服务构件之间的相关关系,首先就需要确定服务构件之间相关性的评价指标。然后对所有识别出的服务构件间的关系进行判断,形成对应的服务构件相关度值。在服务构件相关度值的基础上,建立构件相关度矩阵,为服务构件聚合为服务模块做准备。

5.4.1 服务构件相关性评价准则

在面向客户需求的产品服务模块化过程中,除了要考虑具体的服务流程,还需要兼顾服务类别和服务的功能输出。因此,恰当地描述出服务构件之间的交互关系需要综合考虑服务构件在功能、类别和过程上的关联度。

1) 服务构件的功能相关性

在服务模块化的过程中,将能够实现相同服务功能的服务构件聚集在一起形成服务模块,这样会便于提升产品服务模块的功能独立性。服务构件功能上相互依赖的关系称为服务构件的功能相关性。如表5-2所示,用0~10分表示服务构件之间的功能相关性的评价准则。例如,对于故障诊断系统与故障诊断作业,这两个服务构件相对于故障诊断这一服务功能来说缺一不可,因此,可以判断它们之间的相关值为10。

表5-2 服务构件的功能相关评价准则

特 征 描 述	相关度
两个服务构件为实现同一功能存在,缺一不可	10
一个服务构件的应用对另外一个服务构件的实施产生较大影响	7
一个服务构件的应用对另外一个服务构件的实施会产生影响	5
一个服务构件的应用对另外一个服务构件的实施产生较弱影响	3
两个服务构件几乎或完全没有功能上的联系	0

2) 服务构件的类别相关性

类别相关性是指服务构件之间有相同或者相似的特性,在服务模块划分时,将具有类别相关的服务构件划分到同一模块中，可以让具有相同属性的活动聚集到一起形成服务模块，方便为客户提供更多相似的服务构件及进行服务构件管理，降低服务成本，提高服务质量，如维修服务中的主要构件维修包。根据服务构件类别相关程度的不同，设定相应的评价准则，并赋予不同的取值予以量化，如表 5-3 所示。

表 5-3 服务构件的类别相关评价准则

特 征 描 述	相关度
两个服务构件属于同一类，实现功能相同，规格也相同	10
两个服务构件属于同一类，实现功能相同，但规格和属性不同	8
两个服务构件属于同一类，但实现功能不同	4
两个服务构件不属于同一类，实现功能不同，规格也不同	0

3) 服务构件的过程相关性

过程相关性是指服务构件在时间或者服务进程上具有连续性，在某一连续时间内，服务构件在连续过程中完成相同的服务目标，如某润滑油公司的全面化学品管理模块等。根据服务构件的过程连续性，可以将服务过程相关性划分为属于同一过程和不属于同一过程，具体描述如表 5-4 所示。

表 5-4 服务构件的过程相关性评价准则

特 征 描 述	相关度
两个服务构件属于同一连续过程	10
两个服务构件不属于同一连续过程	0

5.4.2 服务构件间的相关度评判

上一节分析了服务构件两两之间在不同准则下的相关性，还需要进一步地考虑所有准则作用在一起的效果。由于每个准则对于整个模块的重要程度以及构件之间作用强度的影响是不同的，所以必须考虑各个准则的权重。令 ω_f 表示服务构件间的功能相关性评价准则的权重，ω_c 代表服务构件间的类别相关性评价准则的权重，ω_p 表示服务构件间的过程相关性评价准则的权重。则服务构件相关性评价准则权重需要满足如式(5-1)所示的约束条件：

$$\omega_f + \omega_c + \omega_p = 1 \tag{5-1}$$

上面所提及的各相关性评价准则的权重可利用两两比较法(例如层次分析法)或设计师的知识经验判断而得到。

在得到了各个评价准则的权重之后,需要将三类相关度进行综合,得到两个服务构件间的总体相关度。以 $R(i,j)$ 表示服务构件间的相关度,即服务构件间的联系紧密程度的大小,使用加性模型可以得到总体相关度的计算公式为:

$$R(i,j)=\begin{cases}\omega_{f}R^{f}(i,j)+\omega_{c}R^{c}(i,j)+\omega_{p}R^{p}(i,j), & i \neq j \\ 1, & i=j\end{cases} \quad (5-2)$$

其中,$i,j \in \{1,2,\cdots,n\}$,n 为服务构件的数量;$R(i,j)$ 为服务构件综合相关度;$R^{f}(i,j)$ 为服务构件之间的功能相关度;$R^{c}(i,j)$ 为服务构件之间的类别相关度;$R^{p}(i,j)$ 为服务构件之间的过程相关度。

从而,可以得到所有服务构件的综合相关度矩阵 $\boldsymbol{R}$:

$$\boldsymbol{R}=\begin{matrix} c_{1} & c_{2} & c_{3} & \cdots & c_{n} \\ \begin{bmatrix} R(1,1) & R(1,2) & R(1,3) & \cdots & R(1,n) \\ R(2,1) & R(2,2) & R(2,3) & \cdots & R(2,n) \\ R(3,1) & R(3,2) & R(3,3) & \cdots & R(3,n) \\ \vdots & \vdots & \vdots & & \vdots \\ R(n,1) & R(n,2) & R(n,3) & \cdots & R(n,n) \end{bmatrix} \end{matrix} \quad (5-3)$$

其中,$c_{1},c_{2},\cdots,c_{n}$ 为服务构件。综合相关度矩阵 $\boldsymbol{R}=[R(i,j)]_{n\times n}$ 是一个对角线元素全部为 1 的对称矩阵,即满足下列条件:

(1) $R(i,j)>0$,$i,j=1,2,\cdots,n$;

(2) $R(i,j)=R(j,i)$,$i,j=1,2,\cdots,n$;

(3) $R(i,i)=1$,$i=1,2,\cdots,n$。

5.5 基于复杂网络社团结构的产品服务模块划分方法

从服务功能、服务类别和服务过程的角度对服务构件之间的相关性进行综合分析之后,本节将根据综合相关度矩阵,应用基于复杂网络的聚类方法把各服务构件划分为服务模块。采用基于复杂网络的方法,可以更直观形象地表现服务构件之间复杂的交互关系,方便设计师将其聚合为模块。采用基于复杂网络的聚类方法(例如 GN 算法、Louvain 算法等)可以方便快捷地得到服务构件的模块划分结果,并且有统一的衡量标准对模块划分结果的优劣进行度量。虽然复杂网络的聚类方法较为成熟,但是将其迁移到工程设计领域的研究非常少,本节将从服务构件复杂网络的构建、服务构件的模块划分、服务模块的分类和服务模块的更新四个方面对产品服务的模块化方法进行阐述。

5.5.1　服务构件复杂网络的构建

复杂网络是现实世界中复杂系统的一种抽象表现形式,现实世界中存在很多类型的复杂网络,比如电力网络、航空网络、计算机网络以及社交网络等。复杂网络呈现出高度的复杂性,如连接多样性,网络动态演化,具有小世界、无标度、社区结构等特性。

复杂网络以图论为理论基础,网络由所研究对象抽象出来的点和个体之间的关系抽象出来的边组成。网络 G 可以表示为一个有序的三元组 $[A(G)$, $E(G)$, $R_G]$,其中:$A(G)$ 是网络 G 的所有顶点的集合;$E(G)$ 是所有边的集合;R_G 表示网络 G 的关联函数,即连接两个顶点的边的属性。如果对于网络 G 中的任意一条边 e,都可以表达成 $e_{ij}=\langle a_i, a_j \rangle$ 的形式,且 $\langle a_i, a_j \rangle=\langle a_j, a_i \rangle$,则网络 G 是无向网络;否则,网络 G 是有向网络。除此之外,如果网络 G 没有给出关联函数 R_G,那么称其为无权网络;反之,若给出了关联函数 R_G,且 R_G 的元素不全部为 1,则称网络 G 为赋权网络。如果网络 $G[A(G)$, $E(G)$, $R_G]$ 中的任意两个顶点 a_i, a_j 都是连通的,则网络 G 为连通图。

本章所研究的产品服务复杂网络为无向加权网络,其顶点集合 $A(G)$ 为所有服务构件,$A(G)$ 中的元素为按次序编号的服务构件。若两个服务构件 a_i, a_j 间的总体关联度不为 0,则存在一条边 $e_{ij}=\langle a_i, a_j \rangle$ 将两个顶点连接在一起,所有的边 e_{ij} 构成了复杂网络的边集合 $E(G)$,R_G 即为服务构件间的总体关联度矩阵。

5.5.2　服务构件的模块划分

服务构件的模块划分可以转化为服务构件复杂网络的社区划分问题。产品服务的模块划分是为了实现模块之间弱耦合,模块内部的强耦合,而复杂网络的社团结构是指社团内部的节点之间联系相对紧密,各个社团之间的连接相对比较稀疏。从这个角度出发,我们可以将产品服务的模块看作复杂网络中的社团结构,服务构件都是网络中的节点,它们之间的关系作为网络中的边,然后借助复杂网络中的社团结构发现方法对产品服务系统的关系模型进行模块划分。

Newman 于 2002 年提出了复杂网络的社团结构概念,随后的这些年,复杂网络社团结构受到了众多学者们的广泛关注和深入研究。目前,关于社团结构还没有被广泛认可的唯一定义,较为常用的定义是:网络中的顶点可以分成组,组内连接稠密而组间连接稀疏,如图5-3所示。社团结构对于理解网络有重要意义,它在一定程度上反映了真实系统的拓扑关系,表明了网络中的功能实体。例如,在文献引用网络中,不同的社

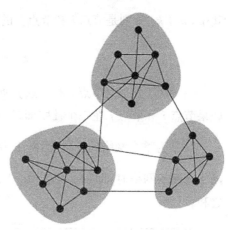

图 5-3 具有社团结构的网络图

团可能代表不同的研究方向,在万维网络中,不同的社团可能代表不同的主题话题。研究复杂网络中的社团结构,对于分析网络整体与社区间的关系,理解网络的形成机制,揭示网络结构等具有十分重要的理论意义。

Girvan 和 Newman 于 2002 年提出了一种基于边介数的无权网络分裂算法——GN 算法。GN 算法的本质是基于分级聚类中的分裂思想,在原理上是使用边介数作为相似度的度量方法。边介数是指网络中任意两个节点经过一条边的最短路径的数目。所以,GN 算法的核心思想就是在一个网络中,通过社团内部的边的最短路径数相对较少,而通过社团之间的边的最短路径数则相对较多,通过逐步删除这些边介数较高的边就能把它们连接的社团分割开来,从而达到社团划分的目的。GN 算法作为复杂网络社团结构发现中的一种经典算法,与其他经典算法相比,准确度较高,分析社团结构的效果也较好,虽然其计算速度慢,时间复杂性高 $[O(m^2n)]$,不适合处理大规模的复杂网络问题,但是处理中小规模的网络(包含几十或者几百个节点的网络)是完全没有问题的,所以在本章的产品服务模块划分中采用 GN 算法进行模块划分。

GN 算法不需要先验信息,即不需要提前输入模块的个数。但是需要对 GN 算法划分的模块进行评估,使用模块度(modularity)衡量划分结果的优劣。Newman 将模块度定义为社区内部的总边数和网络中总边数的比例减去一个期望值,该期望值是将网络设定为随机网络时同样的社区分配所形成的社区内部的总边数和网络中总边数的比例大小,其数学表达式为:

$$Q = \frac{1}{2m} \sum_{ij} \left(A_{ij} - \frac{k_i k_j}{2m} \right) \delta(C_i, C_j) \qquad (5-4)$$

其中，k_i，k_j 分别是节点 i 和节点 j 的度值，按下式计算：

$$k_i = \sum_{j=1}^{n} R_{ij} \qquad (5-5)$$

C_i 和 C_j 分别是节点 i 和节点 j 所属社团，$\delta(C_i, C_j)$ 函数的取值定义为：如果节点 i 和节点 j 在一个社团即 $C_i = C_j$，则 $\delta(C_i, C_j) = 1$，否则为 0。称 $m = \frac{1}{2} \sum_{ij} R_{ij}$ 为整个网络的度数，当网络为非赋权网络时，m 为网络中边的总数；当网络为赋权网络时，即 R_{ij} 存在 0～1 之外的数值，m 为网络中所有边的权重之和。

Q 值的范围为 0～1，Q 值越大说明网络划分的社区结构准确度越高，社区划分效果越好，在实际的网络分析中，Q 值的最高点一般出现在 0.3～0.7。

综上，基于 GN 算法的划分服务模块的步骤为：

（1）忽略边的权重，计算服务构件网络中每一条边的边介数；

（2）将边介数除以对应边的权重得到边权比，并删除网络中边权比最大的边（若有多条，则同时移除这些边）；

（3）重新计算网络中剩余边的边介数；

（4）重复步骤（2）和（3），并计算模块度，直到划分出网络中的社团结构。

基于加权网络的 GN 算法步骤如图 5-4 所示。

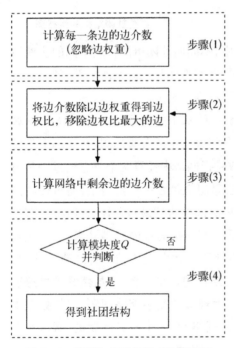

图 5-4　基于加权网络的 GN 算法图

5.5.3　服务模块的分类

模块分类的目的是将上面聚类构建的模块按照通用模块、可选模块、可定制模块进行分类，以此产生新的模块类别并更新到已有模块库里供客户下一次进行选择。模块分类的研究步骤包括：模块分类过程、模块契合度计算、模糊相似度函数及矩阵构建、模块聚类。

1) 模块分类过程

模块的分类过程如图 5-5 所示。首先，通过上节的方法，可以得到 n 类模块，每类模块由若干的构件组成，例如，模块 1 由构件 i_{11}，i_{12}，…，i_{1n} 组成。通过分析每个构件分别在通用性（g）、可选性（o）、可定制性（c）的契合程度 P 对模块进行分类，具体可分为：通用性模块、可选性模块、可定制性模块。$P(i_{nm}$，$g)$ 表示模块 n 里面的第 m 个构件在通用性方面的契合度；$P(i_{nm}, o)$ 表示模块 n 里面的第 m 个构件在可选性方面的契合度；$P(i_{nm}, c)$ 表示模块 n 里面的第 m 个构件在可定制性方面的契合度。聚类前后的模块数量需要保持一致，即满足：$g_n + o_n + c_n = n$。

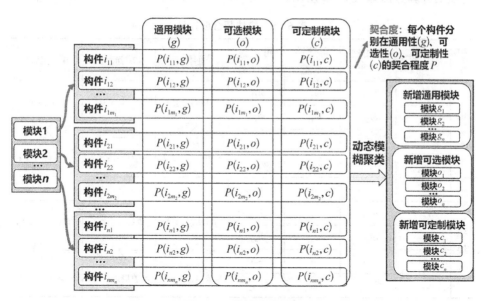

图 5-5 模块分类过程

2) 模块契合度计算

模块的契合度计算采用模块分解的所有零部件分别在通用性、可选性、可定制性方向的契合度的加权平均来计算，具体计算公式如下：

$$p(m, g) = \sum_{j=1}^{m} \widetilde{w}_j \times p(i_j, g) \tag{5-6}$$

$$p(m, o) = \sum_{j=1}^{m} \hat{\omega}_j \times p(i_j, o) \tag{5-7}$$

$$p(m,c) = \sum_{j=1}^{m} \overset{\lor}{\omega}_j \times p(i_j, c) \tag{5-8}$$

其中，$p(m,g)$ 为模块 m 里所有零件在通用性方面的契合度的加权平均值，$p(i_j,g)$ 为模块 m 的第 j 个零件在通用性方面的契合度，$\widetilde{\omega}_j$ 为第 j 个零件在通用性方面的权重值，$p(m,o)$ 为模块 m 里所有零件的可选性方面的契合度的加权平均值，$p(i_j,o)$ 为模块 m 的第 j 个零件在可选性方面的契合度，$\overset{\land}{\omega}_j$ 为第 j 个零件在可选性方面的权重值，$p(m,c)$ 为模块 m 里所有零件的可定制性方面的契合度的加权平均值，$p(i_j,c)$ 为模块 m 的第 j 个零件在可定制性方面的契合度；$\overset{\lor}{\omega}_j$ 为第 j 个零件在可定制性方面的权重值。$\widetilde{\omega}_j$，$\overset{\land}{\omega}_j$，$\overset{\lor}{\omega}_j$ 值的确定方法可参考文献[55]。模块 M_1、M_2 和 M_3 分别在通用性、可选性、可定制性方面的契合度的计算方法如表 5-5 所示。

表 5-5 模块契合度计算

模块	构件	通用性权重	可选性权重	可定制性权重	通用性	可选性	可定制性
模块 M_1	i_{11}	$\widetilde{\omega}_{11}$	$\overset{\land}{\omega}_{11}$	$\overset{\lor}{\omega}_{11}$	$p(m_1,g)$ $=\sum_{j=1}^{m_1}\widetilde{\omega}_{1j}$ $\times p(i_{1j},g)$	$p(m_1,o)$ $=\sum_{j=1}^{m_1}\overset{\land}{\omega}_{1j}$ $\times p(i_{1j},o)$	$p(m_1,c)$ $=\sum_{j=1}^{m_1}\overset{\lor}{\omega}_{1j}$ $\times p(i_{1j},c)$
	i_{12}	$\widetilde{\omega}_{12}$	$\overset{\land}{\omega}_{12}$	$\overset{\lor}{\omega}_{12}$			
	...	...	...	...			
	i_{1m_1}	$\widetilde{\omega}_{1m_1}$	$\overset{\land}{\omega}_{1m_1}$	$\overset{\lor}{\omega}_{1m_1}$			
...	...	...	...	...	...		
模块 M_n	i_{n1}	$\widetilde{\omega}_{n1}$	$\overset{\land}{\omega}_{n1}$	$\overset{\lor}{\omega}_{n1}$	$p(m_n,g)$ $=\sum_{j=1}^{m_n}\widetilde{\omega}_{nj}$ $\times p(i_{nj},g)$	$p(m_n,o)$ $=\sum_{j=1}^{m_n}\overset{\land}{\omega}_{nj}$ $\times p(i_{nj},o)$	$p(m_n,c)$ $=\sum_{j=1}^{m_n}\overset{\lor}{\omega}_{nj}$ $\times p(i_{nj},c)$
	i_{n2}	$\widetilde{\omega}_{n2}$	$\overset{\land}{\omega}_{n2}$	$\overset{\lor}{\omega}_{n2}$			
	...	...	...	...			
	i_{nm_n}	$\widetilde{\omega}_{nm_n}$	$\overset{\land}{\omega}_{nm_n}$	$\overset{\lor}{\omega}_{nm_n}$			

3) 模糊相似度函数及矩阵构建

以上步骤可以计算每个模块 M_1，M_2，…，M_n 在通用性、可选性、可定制性三个方面的契合度。基于此，构建每个模块 M_1，M_2，…，M_n 的综合契合度分别为：$\overline{P_1}$，$\overline{P_2}$，…，$\overline{P_n}$。其中，$\overline{P_i} = (\overline{P_{i1}}, \overline{P_{i2}}, \overline{P_{i3}})$，表示针对某一个模块 M_i，$(\overline{P_{i1}}, \overline{P_{i2}}, \overline{P_{i3}})$ 为一个三维向量，$\overline{P_{i1}}$，$\overline{P_{i2}}$，$\overline{P_{i3}}$ 分别为模块 M_i 的通用性契合度、可选性契合度和可定制性契合度；$\overline{P_{i1}} = p(m_i, g)$，$\overline{P_{i2}} = p(m_i, o)$，$\overline{P_{i3}} = p(m_i, c)$。根据不同模块的契合度，建立模糊相似度矩阵 $\boldsymbol{R}$，其元素 r_{ij}

代表模块 i 与模块 j 之间的相似度。相似度函数 r_{ij} 计算公式为：

$$r_{ij} = \begin{cases} 1, & i=j \\ 1-c \sum_{k==1}^{3} |\overline{P}_{ik} - \overline{P}_{jk}|, & i \neq j \end{cases}, (i, j=1, 2, \cdots, n) \quad (5-9)$$

其中，c 为修正系数，取值 $0 < c < 1$，并保证 $0 \leqslant r_{ij} \leqslant 1$。通过计算 r_{ij} 后构建模糊相似度矩阵如式（5-10）所示。r_{ij} 为模块 M_i 与模块 M_j 之间的相似度，并且 $0 \leqslant r_{ij} = r_{ji} \leqslant 1$。

$$R = \begin{bmatrix} r_{11} & r_{12} & \cdots & r_{1n} \\ r_{21} & r_{22} & \cdots & r_{2n} \\ \vdots & \vdots & & \vdots \\ r_{n1} & r_{n2} & \cdots & r_{nn} \end{bmatrix} \quad (5-10)$$

4）模块聚类

（1）传递闭包 $F(R)$ 求解。对上式得到的模糊相似性矩阵采用模糊聚类方法进行传递闭包 $F(R)$ 的求解。传递闭包 $F(R)$ 是模糊相似性矩阵 R 的最小模糊等价矩阵，其可通过平方法求得，计算公式为：

$$R^* = R^2 = R \times R = \bigvee_{k=1}^{n} (r_{ik} \wedge r_{jk}) \quad (5-11)$$

其中，r_{ik} 和 r_{jk} 为相似性矩阵 R 中的元素，算子 $\vee$ 为两者之间取最大值的运算，算子 $\wedge$ 为两者之间取最小值的运算。通过多次计算后，可以找到一个正整数 k，使得 $R^{2k} = R^k$。此时的传递闭包 $F(R)$（模糊等价矩阵）的取值为 $F(R) = R^{2k}$，记为：

$$F(R) = \begin{bmatrix} \widetilde{r}_{11} & \widetilde{r}_{12} & \cdots & \widetilde{r}_{1n} \\ \widetilde{r}_{21} & \widetilde{r}_{22} & \cdots & \widetilde{r}_{2n} \\ \cdots & \cdots & \cdots & \cdots \\ \widetilde{r}_{n1} & \widetilde{r}_{n2} & \cdots & \widetilde{r}_{nn} \end{bmatrix} \quad (5-12)$$

（2）聚类图生成及阈值 λ 优选。按照一定的阈值 λ，对模糊等价矩阵 $F(R)$ 中的元素 $\widetilde{r}_{ij}$ 进行聚类。选取任意的阈值 λ，且 $0 < \lambda < 1$，按照以下规则对模块进行划分：① $\widetilde{r}_{ij} \geqslant \lambda$，模块 i 与模块 j 可聚类为同一类模块；② $\widetilde{r}_{ij} \leqslant \lambda$，模块 i 与模块 j 不属于同一类模块。

通过以上规则，将模糊等价矩阵 $F(R)$ 转化为最终聚类矩阵 $C(R)$，记为：

$$C(\boldsymbol{R}) = \begin{bmatrix} \breve{r}_{11} & \breve{r}_{12} & \cdots & \breve{r}_{1n} \\ \breve{r}_{21} & \breve{r}_{22} & \cdots & \breve{r}_{2n} \\ \cdots & \cdots & \cdots & \cdots \\ \breve{r}_{n1} & \breve{r}_{n2} & \cdots & \breve{r}_{nn} \end{bmatrix} \tag{5-13}$$

当 $\breve{r}_{ij} \geqslant \lambda$ 时,令 $\breve{r}_{ij} = 1$;当 $\breve{r}_{ij} < \lambda$ 时,令 $\breve{r}_{ij} = 0$。在聚类矩阵 $F(\boldsymbol{R})$ 中划分的子矩阵中的行和列的元素全为 1 时,对应的模块才能聚类为同一类模块。

阈值 λ 的取值为 0～1,分类颗粒度由粗到细,形成动态的聚类图。由于本次聚类类型只包括三类:通用模块、可选模块、可定制模块,因此,从动态变化的 λ 中选取分类数量为 3 时的聚类结果。将该聚类结果与表 5-5 进行比对,分别确定通用模块类别、可选模块类别、可定制模块类别下所对应的模块。

例如,通过以上步骤最终确定了 10 个模块的聚类结果:通用模块集合 $G = \{M_1, M_3, M_8\}$,可选模块集合 $O = \{M_2, M_5, M_7, M_9\}$,可定制模块集合 $C = \{M_4, M_6, M_{10}\}$。

5.5.4 服务模块的更新

当客户有新的个性化服务需求时,首先对其进行识别,看其是否属于通用模块、可选模块以及可定制模块这三种模块中的某一类。若属于,则直接复用已有模块。若不属于,则需要重新采用前面介绍的方法进行模块构建与分类,将生成的新的模块集更新到已有模型库中,并更新到可供客户选择的可选项里。至此,模块的配置更新完成。模块更新流程如图 5-6 所示。

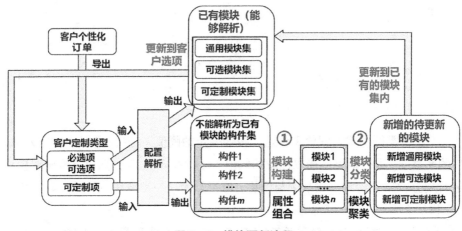

图 5-6 模块更新流程

5.6　产品服务模块化方案的评价

由于复杂网络的社区发现算法非常多，都可以应用到产品服务的模块划分中，形成不同的模块化方案。不同的模块化方案会对后续设计的工作量和难易程度有较大的影响。所以，在实际应用中还需要对不同的模块化方案进行评估，以确定最优的模块化方案。模块方案的评估首先需要确定一系列产品服务模块化方案的评选指标，然后建立服务模块方案的评价模型。结合评判指标及其权重，从多位服务设计专家的角度对多个模块化方案进行综合评价，从中选取最佳的服务模块化方案。

这里我们利用基于主、客观集成权重的 fuzzy TOPSIS 方法对服务模块化方案进行评价，选出最佳模块划分方案，为后续服务模块的配置优化做准备。图 5-7 展示了产品服务模块化方案的评价框架。首先，确定服务模块评价指标及其权重。然后，利用带指标权重的 fuzzy TOPSIS 模型对各个服务模块化方案进行评价，得到贴近度系数（closeness coefficient），根据每一个模块化方案所对应的贴近度系数来确定各个方案的优劣，从而可以获得最佳服务模块化方案。基于主客观集成权重的模糊逼近理想解法不仅可以充分利用专家的知识和经验，还可以充分利用评价过程中的内在信息来确定各个指标的客观权重，保证各个评价指标权重具备一定的客观性。

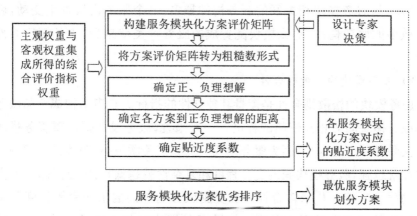

图 5-7　基于集成权重的 fuzzy TOPSIS 方法的
服务模块化方案评价框架

5.6.1 产品服务模块化方案的评选指标

产品服务模块化方案的评选主要从服务模块的柔性、松散耦合性、内聚性、配置复杂度及成本五个方面来考量，如图 5-8 所示。

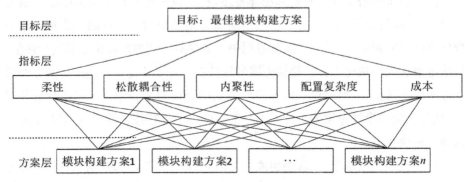

图 5-8 产品服务模块化方案的评价层次结构

1) 服务模块的柔性

服务模块的柔性指通过服务模块的选配可得到满足不同需求的服务种类。柔性高的模块通过简单的服务模块组合，就可以满足客户需求。相反，柔性低的服务模块往往无法应对客户需求的变化，只有重新设计服务模块，才能满足新需求，这样就会导致服务设计的成本增加。服务模块所包含的服务构件数目也会影响模块方案的柔性。服务构件总量一定的情况下，服务模块关联的服务构件越少，模块配置成的服务种类就越多，服务模块柔性就越好；相反，与服务模块相关联的服务构件越多，一个服务模块发生变动，就会牵扯较多的服务构件，那么模块配置成的服务种类就越少，服务模块柔性就越差。

2) 服务模块的松散耦合性

服务模块的松散耦合性是衡量其独立性的指标。它表示构成产品服务的不同服务模块间的相互依赖的程度。一般来说，服务设计师期望服务模块之间的关联要尽可能地少，因为服务模块间的相互关联越小，服务模块间的相互独立性就越强，服务模块间的交互程度和复杂性就越低，有利于产品服务实现独立的服务功能。松散耦合性一般受到服务构件间的依赖紧密程度及服务模块间的依赖紧密程度的影响。如果服务模块间相互依赖不明显，服务构件之间相互依赖越紧密，那么认为服务模块的松散耦合性越好，反之则越差。

3) 服务模块的内聚性

服务模块的内聚性指模块内部各服务构件间的聚集程度,也即一个服务模块内部各个服务构件间相互联系的紧密程度,它刻画的是服务模块内服务构件间关系的一种协调、统一的状态。服务模块内部,各个服务构件通过资源、信息、人员等的交互形成一个协调统一的整体,内聚性高的模块稳定性和效率也较高。如果服务模块的内聚性高,表明其内部的服务构件之间的相互依赖性高,服务模块作为一个相对完整的整体而发挥作用的程度越高,效率就越高。此外,服务模块的内聚性越高,那么服务模块在配置过程中,保证所提供的同类型服务的功能、绩效的一致性就相对越好,也就是产品服务的稳定性越高。

4) 服务模块的配置复杂度

产品服务模块划分的粒度越小,最后得到的服务模块数就会越多,导致各个服务模块之间的接口、协议越多,不但会影响模块配置的时间,还可能增加配置失误的可能性,这意味着服务模块的配置复杂度加大。相反,模块化方案中包含的服务模块数越少,各个服务模块之间的接口、协议越少,所需的配置时间就会越短,有利于降低模块配置失误的概率,这种情况下的服务模块配置变得相对容易。此外,服务模块接口数量和复杂程度也会影响模块配置的复杂程度,因为复杂的模块接口需要更多的资源、协议和能力来处理和协调不同接口之间的复杂关系。

5) 服务模块的成本

在产品服务模块创建过程中,服务模块的创建应该充分考虑降低模块的设计成本、模块的实现成本及服务模块的配置成本等。所以,从成本的角度考虑,在产品服务模块创建过程中应该尽量将那些成本和附加值均较高的服务构件分离开,以便降低服务设计和交付过程中的失误带来的成本损失。

5.6.2　产品服务模块化方案评价指标的权重确定

1) 建立服务模块化方案的评价矩阵

假设有 m 个产品服务模块化方案 $MSP_i(i=1, 2, \cdots, m)$,这些方案需要用 n 个评价指标来衡量。服务设计专家利用语言变量对各个服务模块化方案进行评判。表 5-6 展示了模块化方案的评判标度。

表5-6 服务模块化方案的评判语言变量

很差(VP)	(0, 0, 1)
差(P)	(0, 1, 3)
较差(MP)	(1, 3, 5)
一般(F)	(3, 5, 7)
较好(MG)	(5, 7, 9)
好(G)	(7, 9, 10)
很好(VG)	(9, 10, 10)

设有 k 个服务设计专家对模块方案进行评价,则服务模块化方案相对于各个评价指标的判断值 $\tilde{x}_{ij}$ 可以由下式获得:

$$\tilde{x}_{ij} = \frac{1}{k}\left[\tilde{x}_{ij}^1 + \tilde{x}_{ij}^2 + \cdots + \tilde{x}_{ij}^k\right] \tag{5-14}$$

其中, $\tilde{x}_{ij}^k$ 表示第 k 个专家对第 i 个模块划分方案在第 j 个评价指标下的综合判断值,由专家根据其设计知识、经验判断得出。

服务模块化方案的评价实际上是一个模糊多属性决策问题,它可以用下面的矩阵 $\boldsymbol{D}$ 来表示。

$$\boldsymbol{D} = \begin{bmatrix} MPS_1 \\ MPS_m \\ \vdots \\ MPS_m \end{bmatrix} \begin{bmatrix} \tilde{x}_{11} & \tilde{x}_{12} & \cdots & \tilde{x}_{1n} \\ \tilde{x}_{21} & \tilde{x}_{22} & \cdots & \tilde{x}_{2n} \\ \vdots & \vdots & \ddots & \vdots \\ \tilde{x}_{m1} & \tilde{x}_{m2} & \cdots & \tilde{x}_{mn} \end{bmatrix} \tag{5-15}$$

$$W = (\omega_1, \omega_2, \cdots, \omega_j, \cdots, \omega_n) \tag{5-16}$$

权重向量 $W = (\omega_1, \omega_2, \cdots, \omega_j, \cdots, \omega_n)$ 表示 n 个评价指标的相对重要度。

建立语言变量评判矩阵 $\boldsymbol{D}$ 后,将矩阵中的所有语言变量按照表5-6转换成模糊三角数。接着,利用梯级平均综合表示法(graded mean integration approach)将三角模糊数转化成确定值。任意一个三角模糊数 $\tilde{M} = (m, n, l)$ 可以按照式(5-17)转化成确定值:

$$P(\tilde{M}) = \frac{m + 4n + l}{6} \tag{5-17}$$

给定评价指标的权重向量 W 和服务模块化方案的综合决策矩阵 $\boldsymbol{D}$,服务模块化方案的评选问题即：确定各个方案相对各个评价指标的总体效用。

2）确定评价指标的主客观集成权重

在以往的指标赋权过程中，经常使用单一的主观赋权法或客观赋权法，而很少将二者合二为一。为了全面反映专家对各个指标权重的判断，这里我们在确定服务模块化方案指标权重过程中，将主、客观权重法集成起来。为此，引入了克劳德·艾尔伍德·香农的信息熵的概念，它可以较好地测量各个评价指标信息对比度。所以，在这里使用基于熵权的方法来获取服务模块化方案评价指标的客观权重。

首先，确定服务模块化方案评价指标的主观权重。邀请专家利用表 5-7 对各个评价指标的重要程度进行主观判断，然后将各个专家的判断值求平均，从而获取评价指标的平均主观权重：

$$\widetilde{W}_{sj} = \frac{1}{n}\left(\sum_{j=1}^{n} w_j^k\right), \ j = 1, 2, \cdots, n \qquad (5-18)$$

其中，w_j^k 表示第 k 个专家对第 j 个评价指标重要程度的主观判断。根据式（5-18），三角模糊数形式的主观权重可以转化为确定值形式的权重 ω_{sj}。

表 5-7 评判指标重要度的语言变量

评 判 指 标	语 言 变 量
很低（VL）	(0, 0, 0.1)
低（L）	(0, 0.1, 0.3)
较低（ML）	(0.1, 0.3, 0.5)
一般（M）	(0.3, 0.5, 0.7)
较高（MH）	(0.5, 0.7, 0.9)
高（H）	(0.7, 0.9, 1)
很高（VH）	(0.9, 1, 1)

其次，确定服务模块化方案评价指标的客观权重。客观权重的确定是在没有专家直接介入的情况下进行的。熵权法可以按照各指标评价值的变异程度，利用信息熵计算出各指标的熵权。熵权可以对指标权重进行适当调整，一定程度上保障权重的客观性。熵权法认为评价指标的重要程度与该指标下各个方案的效用值有关。方案所对应的评价指标效用值越分散，则对应的评价指标越重要。相对传统权重确定方法，熵权法减少了评价指标权重确定过程中的主观性，

同时它也非常适用于专家对权重判断出现冲突的情况。下面是基于信息熵的客观权重确定的步骤。

（1）构建确定值的评价矩阵；

（2）将评价矩阵归一化，以得到各个模块划分方案的投影值 P_{ij}：

$$P_{ij} = \frac{x_{ij}}{\sum\limits_{i=1}^{m} x_{ij}} \tag{5-19}$$

其中，$i=1, 2, \cdots, m$；$j=1, 2, \cdots, n$，x_{ij} 代表第 i 个模块构建方案在第 j 个指标下的评价值。

（3）各个评价指标的熵值 En_j 按照式(5-20)获得，其中常数 $k = \dfrac{1}{\ln m}$。

$$En_j = -k \sum_j P_{ij} \ln P_{ij} \tag{5-20}$$

某个服务模块化方案的评价指标所对应的熵值 En_j 越小，那么该指标对应的评价值变异程度就越大，所能提供的信息就越丰富。因此，在服务模块化方案评价中该指标发挥的作用就越大，也就是说，该指标就越重要。

（4）测量每个指标 C_j 下的评价值所传递的信息区分度 DP_j：

$$DP_j = 1 - En_j \tag{5-21}$$

其中，DP_j 表示在指标 C_j 下对于评价服务模块化方案的区分度，区分度 DP_j 越大，则评价指标 C_j 就越重要。

（5）最后，各个评价指标 C_j 的客观权重 ω_{oj} 可以由式(5-22)得出：

$$\omega_{oj} = \frac{DP_j}{\sum\limits_{k=1}^{n} DP_k} \tag{5-22}$$

当各服务模块化方案在某一指标 C_j 上的评价值完全一致时，此时的熵值 En_j 最大为 1，而该指标的熵权则为零，也即该指标的重要程度为 0。这是因为此指标没有向决策者提供任何有价值的信息。

3）集成主、客观权重

为了全面反映评价指标的重要性，同时充分考虑专家的知识和经验，有必要合成专家的主观判断权值和客观熵权值。为了增强指标权重之间的区分程度，这里采用乘积权重合成法。首先将客观熵权与主观权重相乘，然后将所得到的

指标权重乘积归一化,得到各个评价指标的综合权重。主、客观综合权重的计算过程为:

$$\omega_j = \frac{\omega_{sj} \times \omega_{oj}}{\sum\limits_{j=1}^{n} \omega_{sj} \times \omega_{oj}}, \ j=1, 2, \cdots, n \tag{5-23}$$

其中, ω_{sj} 表示主观权重, ω_{oj} 表示熵权法得到的客观权重, ω_j 表示评价指标的综合权重。

5.6.3　基于集成权重的模糊 TOPSIS 服务模块化方案评价

利用三角模糊数及模糊数间的欧氏距离(Euclidean distance),可以将传统的 TOPSIS(technique for order preference by similarity to an ideal solution)多属性决策方法拓展至模糊群 TOPSIS 决策(fuzzy group TOPSIS)的情景。在决策过程中,专家的语言变量可以方便地转化成三角模糊数,提升了计算的便利性。

TOPSIS 是一种常用的组内综合评价方法,由 C. L. Hwang 和 K. Yoon 于 1981 年首次提出。该方法的基本过程是基于归一化后的原始数据矩阵,采用余弦法找出有限方案中的最优方案和最劣方案,然后分别计算各评价对象与最优方案和最劣方案间的距离,获得各评价对象与最优方案的相对接近程度,以此作为评价优劣的依据。该方法对数据分布及样本含量没有严格限制,能充分利用原始数据信息,数据计算过程简单易行,计算结果能精确地反映各评价方案之间的差距。

为了保证评价矩阵 $\boldsymbol{D}$ 中的三角模糊数变化范围位于区间[0, 1]内,通过线性标度变换将不同评价指标的标度转化成统一可比的标度,转化过程如下:

$$\tilde{r}_{ij} = \left(\frac{a_{ij}}{c_j^*}, \frac{b_{ij}}{c_j^*}, \frac{c_{ij}}{c_j^*} \right), \ j \in B \tag{5-24}$$

$$\tilde{r}_{ij} = \left(\frac{a_j^-}{c_{ij}}, \frac{a_j^-}{b_{ij}}, \frac{a_j^-}{a_{ij}} \right), \ j \in C \tag{5-25}$$

$$c_j^* = \max_i c_{ij}, \text{若} j \in B \tag{5-26}$$

$$a_j^- = \min_i a_{ij}, \text{若} j \in C \tag{5-27}$$

其中, B 和 C 分别代表效益型指标和成本型指标。从而,可以得到归一化的模糊

评价矩阵 $\widetilde{\boldsymbol{R}}$ 如下：

$$\widetilde{\boldsymbol{R}} = [\widetilde{r}_{ij}]_{m \times n} \tag{5-28}$$

考虑到各个评价指标的不同权重影响，构建如下所示的加权后的归一化模糊评价矩阵 $\widetilde{\boldsymbol{V}}$：

$$\widetilde{\boldsymbol{V}} = [\widetilde{v}_{ij}]_{m \times n}, \ i = 1, 2, \cdots, m, \ j = 1, 2, \cdots, n \tag{5-29}$$

$$\widetilde{v}_{ij} = \widetilde{r}_{ij}(\cdot)\omega_j \tag{5-30}$$

根据加权的归一化模糊评价矩阵，其元素 $\widetilde{v}_{ij}$ 为归一化的三角模糊数，且取值区间为[0, 1]。因此，可以分别定义如下模糊正理想解 A^*（fuzzy positive ideal solution）和模糊负理想解 A^-（fuzzy negative ideal solution）：

$$A^* = (\widetilde{v}_1^*, \widetilde{v}_2^*, \cdots, \widetilde{v}_n^*) \tag{5-31}$$

$$A^- = (\widetilde{v}_1^-, \widetilde{v}_2^-, \cdots, \widetilde{v}_n^-) \tag{5-32}$$

其中，$\widetilde{v}_j^* = (1, 1, 1)$，$\widetilde{v}_j^- = (0, 0, 0)$，$j = 1, 2, \cdots, n$。各个服务模块化方案距离模糊正理想解 A^* 和模糊负理想解 A^- 的距离可以计算如下：

$$d_i^* = \sum_{j=1}^{n} d(\widetilde{v}_{ij}, \widetilde{v}_j^*), \ i = 1, 2, \cdots, m \tag{5-33}$$

$$d_i^- = \sum_{j=1}^{n} d(\widetilde{v}_{ij}, \widetilde{v}_j^-), \ i = 1, 2, \cdots, m \tag{5-34}$$

其中，$d(\widetilde{p}, \widetilde{q})$ 表示两个三角模糊数之间的距离，按照式(5-35)计算：

$$d(\widetilde{p}, \widetilde{q}) = \sqrt{\frac{1}{3}[(p_1 - q_1)^2 + (p_2 - q_2)^2 + (p_3 - q_3)^2]} \tag{5-35}$$

这里，$\widetilde{p} = (p_1, p_2, p_3)$ 和 $\widetilde{q} = (q_1, q_2, q_3)$ 是两个不同的三角模糊数。一旦确定了各个模块构建方案 $MPS_i (i = 1, 2, \cdots, m)$ 的 d_i^* 和 d_i^- 后，就可以利用贴近度系数 CC_i 来确定各个服务模块化方案的优劣次序。贴近度系数计算如下：

$$CC_i = \frac{d_i^-}{d_i^* + d_i^-}, \ i = 1, 2, \cdots, m \tag{5-36}$$

一个服务模块化方案 $MPS_i (i = 1, 2, \cdots, m)$ 距离模糊正理想解 A^* 越近，且距离模糊负理想解 A^- 越远，那么该方案所对应的贴近度系数就越接近于1，所得到的服务模块化方案就越好。因此,根据贴近度系数的大小,服务设计师可以得出各个方案的排序,从中可以选出最佳的服务模块化方案。

5.7　应用案例——共享洗衣机产品服务模块化

1) 案例背景简介

为了验证所提出的产品服务模块化方法的有效性和合理性,本节以共享洗衣机的全生命周期服务为例(共享洗衣机服务示意图见图 5-9),验证本章所提出的方法和技术。

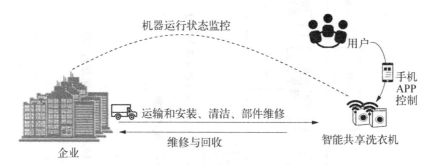

图 5-9　共享洗衣机服务示意图

在共享经济的热潮下,洗衣机厂商也开始从单纯提供消费产品,转向在大型住宅区提供共享洗衣机,既提高洗衣机的利用率,也更加环保。共享洗衣机的洗衣原理与一般洗衣机相同,但是不需要用户一次性地投入大量资金购买洗衣机,也不需要用户提前准备洗衣机的摆放地点。当用户需要洗衣时,通过手机 App 验证洗衣机并支付,智能洗衣机就会根据洗护类型智能地控制水量开始洗涤。当衣服洗好时,智能洗衣机会通过 App 主动给用户发送信息,提醒用户取走衣服。主制造商在洗衣机投放之后,会定期派专家进行洗衣机的维护、消毒等,以保证用户能够正常、安全地使用洗衣机。

2) 实际应用与结果分析

结合共享洗衣机服务提供商现有的服务流程和资源,绘制服务蓝图,如图 5-10 所示。在可视服务域,可以看到客户参与的服务主要是洗衣过程中的 App 支付,这些不需要服务商分派工程师即可完成;客户不需要参与,由服务商

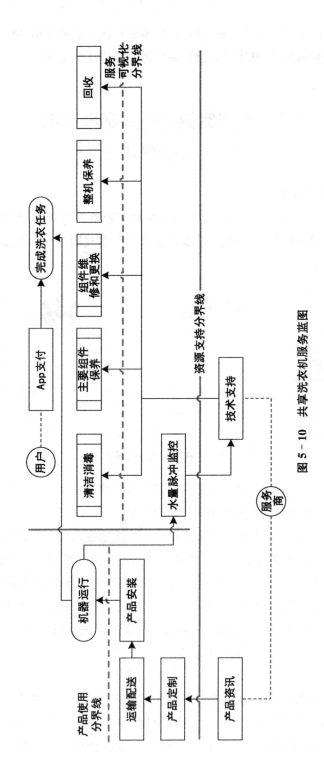

图 5 - 10　共享洗衣机服务蓝图

全部完成的服务是清洁消毒、主要组件保养、组件维修和更换、整机保养以及回收。不可视服务域包括水量脉冲监控,主要通过内置在机器中的智能传感器来完成。产品使用域主要是机器的正常运行,保障用户的洗衣需求。产品管理域主要包括产品的定制、运输配送和产品安装。以上所有产品域和服务域的活动都需要服务商的产品、服务资源支持完成,所以从这个角度来看,资源支持域也是实现服务功能的必要条件。根据服务蓝图,可识别出共享洗衣服务所涉及的所有服务构件,如表 5-8 所示。

表 5-8　共享洗衣服务构件

服务构件编号	服务构件名称	服务构件类型	服务构件所属区域
S_1	产品定制	活动	产品管理域
S_2	水量脉冲监控	活动	不可视服务域
S_3	组件维修和更换	活动	可视服务域
S_4	主要组件保养	活动	可视服务域
S_5	整机保养	活动	可视服务域
S_6	清洁消毒	活动	可视服务域
S_7	回收	活动	可视服务域
S_8	产品安装	活动	产品管理域
S_9	运输配送	活动	产品管理域
S_{10}	产品资讯	资源	资源支持域
S_{11}	技术支持	资源	资源支持域
S_{12}	App 支付	活动	可视服务域

在识别共享洗衣机产品服务的构件之后,就要确定各构件之间的相关关系,根据 5.4 节的相关性定义,结合收集的相关资料和专家意见,就构件之间的相关关系进行打分,得到各构件在不同准则下的初始相关度。然后根据相关度的综合关系公式对服务构件之间的关系强度进行集成,在公式计算前要确定各准则的权重。

一个服务模块首先是为了实现共同的功能,因此首先要保证功能密切的活动聚集在一起,然后保证同类的服务活动能够聚集到一起,在此前提下,再考虑过程相关的服务活动能否聚集到一起。基于以上考虑,功能相关、类别相关、过程相关准则的权重分别设定为 $\omega_f = 0.5$,$\omega_c = 0.3$,$\omega_p = 0.2$。

经过专家分别在三类准则下对服务构件的关系两两打分,再根据上述权重取值以及综合关系式(5-2)进行计算,可得到洗衣机服务构件的综合关系矩阵,如表5-9所示,可以看到该矩阵体现了服务构件与服务构件之间的关系,是一个对称矩阵。为了之后实现算法方便,对角线的取值均为0(易知对角线元素取值对模块化结果没有影响)。

表5-9　共享洗衣机服务构件的综合关系矩阵

	S_1	S_2	S_3	S_4	S_5	S_6	S_7	S_8	S_9	S_{10}	S_{11}	S_{12}
S_1	0	1	0	0	0	0	0	0	0	5	1	0
S_2	1	0	0	0	0	0	0	0	0	0	0	0
S_3	0	0	0	5	4	0	3	0	0	0	3	0
S_4	0	0	5	0	5	1	3	0	0	1	3	0
S_5	0	0	4	5	0	1	2	0	0	0	3	0
S_6	0	0	0	1	1	0	0	0	0	0	1	0
S_7	0	0	3	3	2	0	0	0	0	0	0	0
S_8	0	0	0	0	0	0	0	0	5	3	5	0
S_9	0	0	0	0	0	0	0	5	0	0	0	0
S_{10}	5	0	0	1	0	0	0	3	0	0	3	0
S_{11}	1	0	3	3	3	1	0	5	0	3	0	0
S_{12}	0	0	0	0	0	0	0	0	0	0	0	0

按照5.4节的网络构建方法,可以将服务构件及其关系画成网络图,如图5-11所示。

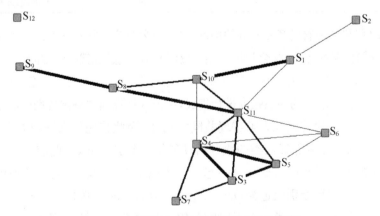

图5-11　共享洗衣机服务构件复杂网络图

　　然后,根据共享洗衣机服务构件之间的综合相关度矩阵,运用 5.5 节中给出的基于复杂网络理论的产品服务模块创建方法进行网络社团结构划分。使用复杂网络工具对该服务构件网络进行分析。在迭代运算的过程中,模块度 Q 的变化如表 5-10 所示。模块度越高,代表模块划分的结果越有效,可以明显地看出,模块度的取值先递增,然后递减,存在明显的峰值。取模块度最高的点对应的结果作为理想的划分结果,此时为 4 个模块,模块度 $Q=0.18$。

表 5-10　共享洗衣机服务构件的模块划分

模块个数	3	4	6	11
模块度 Q	0.140	0.180	0.056	−0.113

　　对应的模块划分结果如图 5-12(a)所示,所有服务构件被划分到了 4 个模块(具体构件所属模块见表 5-11)。图 5-12 中的线段粗细表示服务构件的联

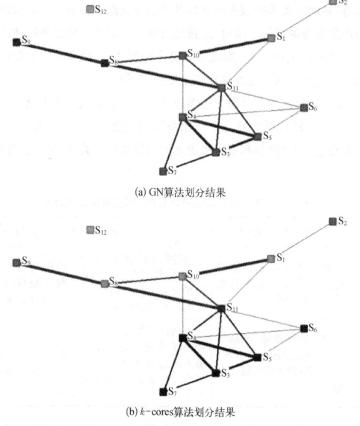

(a) GN算法划分结果

(b) k-cores算法划分结果

图 5-12　共享洗衣机服务构件模块划分图

系紧密程度,端点的颜色表示构件所属的模块。可以看出服务构件 S_{12} 与其他服务构件没有联系,所以被划分为一个单独的模块。

表 5-11　GN 算法和 k-cores 模块划分结果对比

	GN 算法	k-cores 算法
M_1	$\{S_1, S_2\}$	$\{S_2, S_9\}$
M_2	$\{S_3, S_4, S_5, S_6, S_7, S_{10}, S_{11}\}$	$\{S_3, S_4, S_5, S_6, S_7, S_{11}\}$
M_3	$\{S_8, S_9\}$	$\{S_1, S_8, S_{10}\}$
M_4	$\{S_{12}\}$	$\{S_{12}\}$

3) 方法比较分析

从应用案例本身来看,本章提出的系统化的产品服务模块化方法通过对各个服务构件的识别、相关性分析,得到产品服务的基本构造要素——服务流程、服务资源等,从而将无形的服务转化成各类服务资源支持下的流程活动,加深了设计师对产品服务的理解。同时,通过该方法可以发现不同服务构件之间功能、流程和资源之间的关联关系,实现服务模块的划分,以便降低服务设计成本,提高设计效率。关于方法先进性的比较主要有以下两点。

首先,本章所提出的产品服务蓝图技术与其他服务表达方法(如传统服务蓝图)相比(见表 5-12),更加适合产品服务结构的表达,更能有效地反映服务构件间在服务功能、服务流程和服务资源之间的复杂交互关系,便于服务构件的全面识别。

表 5-12　产品服务蓝图技术与传统服务蓝图技术对比

比较项	区 域 划 分	交互关系刻画	适 用 范 围
传统服务蓝图	包括顾客行为、前台员工行为、后台员工行为和支持过程区域等	仅描述简单的服务要素交互关系,如服务前台与客户的交互、服务后台内部之间的简单交互等	传统消费性服务、纯服务领域,如银行服务、超市服务等
产品服务蓝图	包括产品使用域、产品管理域、可视的服务前台域、不可视的服务后台域和资源支持域等	全面刻画各类服务构件之间的复杂交互关系,如服务人员的交互、服务资源的交互、服务信息的交互等	产品服务,如维修、保养、节能服务等

其次,在服务模块方案的计算方式上,使用了基于复杂网络的社群发现算法,

将产品服务构件及其相关关系表达成复杂网络,然后使用 GN 算法对该网络进行模块划分,选取了模块度最大的结果作为理想的模块划分结果。对比需要先验信息的 k-cores 算法,同样将服务构件网络划分为 4 个模块,得到的模块划分结果如图 5-12(b) 和表 5-11 所示。通过表 5-11,可以看出利用 GN 算法得到的模块,M_1 为产品结构相关的服务构件,M_2 为产品使用相关的服务构件,M_3 为产品装配相关的服务构件,M_4 为产品使用服务构件。而 k-cores 算法中,M_1 模块包含水量脉冲监测和运输配送,M_2 模块与 GN 算法的基本相同,但是缺少了构件 S_{10},M_3 模块包括了产品定制、产品安装和产品资讯,M_4 模块和 GN 算法的一致。从两种算法的划分结果可以看出,GN 算法基于复杂网络的结构,划分得到的模块更能体现构件间的关系,反映出构件之间的功能、类别和过程相关性。

需要说明的是,在本章中使用 GN 算法进行模块划分,并不一定就是实际中最优的洗衣机产品服务模块划分结果,在实际应用中可以选取其他的网络社群发现算法(例如 Louvain 算法、标签传播算法等),并结合消费者的需求做进一步的分析和调整。

5.8 本 章 小 结

本章围绕产品服务的模块化,在方法创新上主要进行了以下探究。首先,在分析模块化产品服务及其层次结构的基础上,提出了产品服务蓝图技术,以便全方位识别服务构件。之后,构建了服务构件相关性的评价准则,并利用这些评价准则,提出了分析服务构件相关性的算法。接着,在对服务构件进行服务功能、服务类别和服务过程的综合相关性分析的基础上,提出利用复杂网络技术进行产品服务模块的构建;利用各个服务构件之间的相关度,得到服务构件复杂网络,能清晰、直观地反映各个服务构件之间的相互关联关系及其强弱程度,形象易懂。最后,利用基于模块度的 GN 算法将服务构件网络划分为模块,便于服务设计师的实际操作,并通过选取使模块度最大的划分方案得到唯一的模块划分结果。

产品服务的模块化为后续实现面向客户需求的定制化产品服务开发奠定了基础,增强了服务设计适应外界变化的能力,有助于降低设计成本。此外,模块化的产品服务设计方便服务提供商在服务交付出现失误时,快速找到出现问题的服务模块,而不必耗费精力回溯整个服务流程,迅速实施服务补救措施,最大限度地减少损失。

第6章
产品服务方案的个性化
配置优化与决策

6.1 引　　言

　　产品服务方案的配置、评选是指根据客户需求,查找合适的产品服务模块实例,组合并挑选出满足客户需求的产品服务方案。与产品不同,产品服务的生产过程即消费过程,相应地,客户会非常重视产品服务的响应速度与最终效果。因此,能否在尽可能短的时间内,快速地配置、评选,提供满足客户需求及其他目标和约束的最佳产品服务方案是决定交易成功的关键要素。在第5章产品服务的模块化的基础上,本章我们提出了两种有关产品服务方案配置、评选系统化的方法。

　　基于改进的非支配排序遗传算法(non-dominated sorting in genetic algorithms - Ⅱ, NSGA - Ⅱ)和粗糙 TOPSIS 的产品服务方案配置优选技术从服务技术特性与服务模块的相关度入手,考虑到服务模块实例之间的相容相斥等因素,将产品服务性能、服务成本和服务响应时间作为优化目标,将客户可承受的最高价格、客户最大响应时间作为约束条件,建立产品服务的多目标配置组合优化模型。之后,基于 NSGA - Ⅱ对多目标优化模型进行求解,以得到满足不同目标和约束的产品服务模块化配置优化方案集。最后将粗糙集理论与TOPSIS 结合,对多个备选服务配置方案进行综合评价,选出最能满足客户需求的产品服务方案。

6.2　产品服务方案配置优选的问题描述

6.2.1　产品服务方案的配置

产品服务方案配置实质上是一种在客户需求驱动下,服务模块实例化的过程,以实现快速且个性化的定制,为准确、积极响应市场提供了必要保障。

服务模块由不同的服务构件(如资源、流程等),按照一定的连接方式,组合成具有标准接口、相对独立的服务单元。与服务构件一样,服务模块也具有能够刻画自身特征的属性,例如:服务水平属性、服务响应属性、服务时间属性、服务资源属性等。因此,可以通过这些属性来识别和描述服务模块。

通过设置这些服务模块的属性值,可以得到同一模块下的多种不同模块实例,图 6-1 展示了服务模块与模块实例和模块属性之间的关系。例如:"故障诊断服务"模块包含三个属性:响应时间、诊断方式、反馈方式。通过这三个属性的不同取值,可以得到不同的模块实例,如下所示。

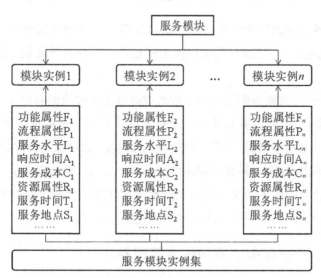

图 6-1　服务模块、模块实例和模块属性之间的关系

(1) 远程故障诊断模块实例:{0.5 小时响应,系统诊断,在线反馈};

(2) 现场故障诊断模块实例:{1 小时响应,人工诊断,现场反馈}。

那么按照服务模块的功能特点,可将其分为两大类模块。

（1）基本服务模块：实现不可或缺服务功能的模块；

（2）可选服务模块：根据客户的个性化需要，特别增加的模块。

每个服务模块对应具有相同功能、不同性能的若干模块实例。模块化服务就是由一组特定的服务模块，在特定的约束下，组合成多种具有不同功能或相同功能不同性能的服务方案，如图 6 - 2 所示。

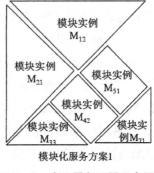

通用服务方案模型　　　　模块化服务方案1　　　　模块化服务方案2

图 6 - 2　产品服务配置示意图

6.2.2　产品服务方案的配置优选

产品服务方案的配置优化问题是指在服务提供商现有的资金、资源等条件下，有效实施模块组合策略，最大限度地满足不同客户对产品服务的个性化、定制化要求。

由此看来，产品服务配置问题可以看成是在服务模块的有限个组合中，筛选出满足约束条件的组合，并且按照一个或者多个目标来选取最优解（或较优解）的过程。从学术角度来讲，这是一种典型的多约束、多目标组合优化问题：

（1）根据客户需求，转化成相应的服务技术特性与约束条件；

（2）在已有的服务模块实例中进行挑选，进行模块实例的组合优化；

（3）配置出满足不同客户需求的多元化服务方案。

6.2.3　产品服务方案的配置管理平台

配置管理是指借助科学化管理方法及信息化平台等对产品服务方案中的配置流程、任务、功能、数据等进行规范化管理。因此，产品服务方案配置管理平台在其中有着非常重要的作用——集成配置过程中的业务、数据、功能等，如图 6 - 3 所示。

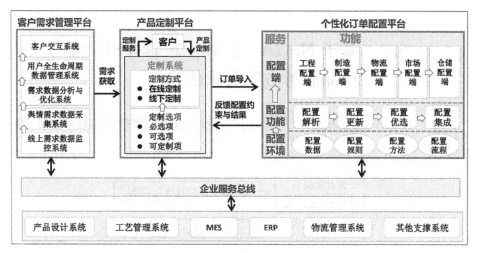

图 6-3　产品服务方案配置管理平台

　　该产品服务方案配置管理平台共包括三个层级,从下至上分别为:数据来源(业务支撑子系统)、企业服务总线和配置支撑子平台,相关解释如下:

　　(1) 业务支撑子系统包括:产品设计系统、工艺管理系统、MES (manufacturing execution system,制造执行系统)、ERP (enterprise resource planning,企业资源计划)、物流管理系统和其他支撑系统等,为配置子平台提供数据来源,通过企业服务总线传递给配置支撑子平台。

　　(2) 配置支撑子平台按照产品定制流程又可细分为:客户需求管理平台、产品定制平台、个性化订单配置平台。

　　(a) 客户需求管理平台是为了对客户需求进行捕获、分析与管理,包括线上需求数据监控系统、舆情需求数据采集系统、需求数据分析与优化系统、用户全生命周期数据管理系统、客户交互系统等子系统。

　　(b) 需求获取后,将其导入产品定制平台。客户在其平台上可以进行产品预定,平台为客户提供定制服务。产品定制平台由定制系统组成,为客户提供定制方式及定制选项功能。

　　(c) 客户预定产品后,将其导入个性化订单配置平台。该平台又分为三个层级:配置环境、配置功能、配置端。配置环境包括配置数据、配置规则、配置方法、配置流程。配置功能包括配置解析、配置更新、配置优选、配置集成。配置端涵盖订单流动的各个业务过程,包括工程配置端、制造配置端、物流配置端、市场配置端、仓储配置端等。

6.3 基于 NSGA-II 和粗糙 TOPSIS 的产品服务方案配置优选

基于 NSGA-II 和粗糙 TOPSIS 的产品服务方案配置优选的技术流程如图 6-4 所示。

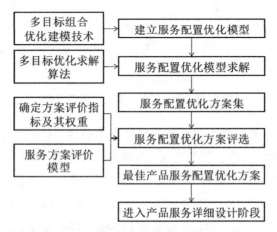

图 6-4 产品服务方案配置优选的技术流程

该方法首先从服务技术特性与服务模块的相关度入手,考虑服务成本和服务响应时间,以产品服务性能、服务成本和响应时间为优化目标,同时将客户可承受的最高价格、客户最大响应时间作为约束条件,同时综合考虑了服务模块实例之间的相容相斥问题,从而将产品服务方案的优化配置问题转化为具有多约束条件的多目标组合优化问题,构建了产品服务的多目标配置组合优化模型。然后,运用多目标优化求解算法——NSGA-II 对模型求解,检索合适的服务模块实例,得到满足不同目标和约束的产品服务的模块化配置优化方案集。最后,结合粗糙集理论和 TOPSIS,建立一个合适的产品服务方案评价决策模型,结合产品服务方案评价指标,对多个备选的产品服务配置方案进行综合评价,优选出最能满足客户需求的产品服务方案,作为后续详细的产品服务设计的重要输入。

6.3.1 产品服务方案配置优化模型的建立

产品服务方案的模块化配置设计,首先在系统分析客户需求的基础上,通过需求映射得到服务技术特性;然后,建立服务技术特性到模块实例之间的映射关系,按照一定配置规则和约束检索合适的服务模块实例,得到模块化的产品服务方案配置集,如图 6-5 所示。

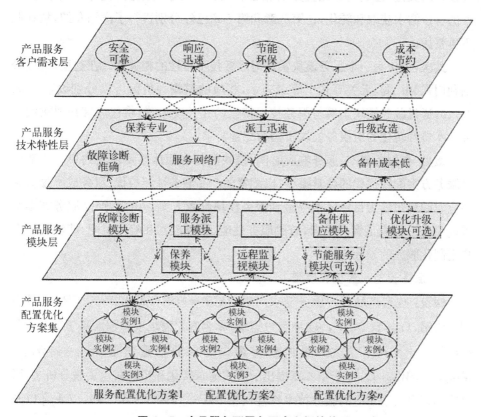

图 6-5　产品服务配置各层次之间的关系

产品服务方案的配置设计过程包括客户需求的提取及其重要度分析、产品服务技术特性到服务模块的映射、基于模块实例的服务方案配置优化等。从图 6-5 可知,基于客户视角的服务需求须转化为设计人员理解的服务技术特性,服务技术特性要进一步映射到服务模块及其实例组合上,最终才能获得一定条件约束下的服务方案集。具体的服务方案配置优选步骤如下。

首先,建立服务技术特性对客户需求的关联关系矩阵,将客户非专业的模糊需求转化成专业的服务技术特性。这是因为参与服务配置的客户大多不具有专业的服务设计及配置知识和经验。所以,他们在配置时可能无法有效地将自己的需求同配置时的选择对应起来;另外,由于配置专家在进行服务配置时设置了较多约束条件,这样做虽然可以避免生成一些不可行的服务方案,但配置的复杂性也会随之增加,阻碍客户准确地表达其真实需求和期望。作为产品服务设计与交付的依据和根源,客户需求的准确获取和转化是成功实现产品服务方案配置设计的关键,也是决定配置方案能否满足客户要求的重要因素。关于产品服务的客户需求获取和转化,在第 2 章和第 4 章已经分别进行了详细介绍,故在此不再赘述。

其次,量化每一个服务模块实例对服务技术特性的相关度。在这里,可以分别利用强、中、弱、无关等几个等级表示,相应的模糊评价值可以分别设置为 9、3、1、0;通过服务模块实例与服务技术特性的相关度矩阵,将代表客户要求的服务技术特性转化为对服务模块实例的配置要求。

最后,在服务成本、服务响应时间、模块间相容相斥等要求的约束下构造产品服务方案配置优化的数学模型,以配置的产品服务性能最优、服务成本最低和响应时间最短等为目标来搜寻最佳服务模块配置方案。由此,产品服务方案配置优化是一种满足客户需求,兼顾服务性能、服务成本和响应时间,能够实现客户定制化服务的设计方式。

1) 服务性能配置优化模型

假设:现有产品客户服务需求向量为 $CR = [CR_1, CR_2, \cdots, CR_n]$,其中 CR_i 为第 $i(i = 1, 2, \cdots, n)$ 项客户需求,n 为客户需求项总数。基于第 3.3 节提出的 R - GAHP 方法,可以获得客户需求的权重向量 $W_{CR} = [W_{CR_1}, W_{CR_2}, \cdots, W_{CR_n}]$。基于第 4 章提出的客户需求转化和粗糙灰色关联分析法,可以获得客户需求对应的服务技术特性向量 $TA = [TA_1, TA_2, \cdots, TA_p]$ 以及服务技术特性所对应的权重向量 $W_{TA} = [W_{TA_1}, W_{TA_2}, \cdots, W_{TA_p}]$。

产品服务的各项技术特性最终是由服务模块实例来实现的,因此,每一个模块实例的选择都会对产品服务方案的综合性能产生不同的影响。模块化产品服务配置的过程和结果如图 6 - 6 所示。

由此,模块化产品服务配置的结果可以表示为:

$$S = \{[I_{11}, I_{12}, \cdots, I_{1M1}], [I_{21}, I_{22}, \cdots, I_{1N}]\} \qquad (6-1)$$

其中,S 为配置的产品服务方案;I_{1k} 是第 k 个必选服务模块实例,$k = 1, 2, \cdots, M_1$;I_{2k} 是第 k 个可选的服务模块实例,$k = 1, 2, \cdots, N$。

所以,每个模块实例与服务技术特性的相关度(由设计专家根据自身经验、相关知识综合判断所得)可表示为:

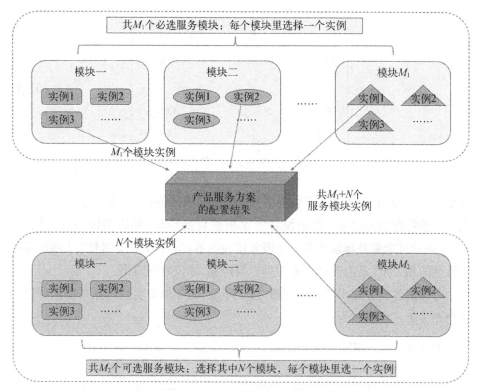

图 6 - 6　模块化产品服务配置的过程和结果示意图

$$\boldsymbol{M}_{I-TA} = \begin{bmatrix} M_{1,\,I-TA} \\ M_{2,\,I-TA} \end{bmatrix}_{(\sum\limits_{i=1}^{2}\sum\limits_{j=1}^{M_i} C_{ij}) \times p} \qquad (6-2)$$

其中，$\boldsymbol{M}_{1,\,I-TA}$ 为必选服务模块实例与服务技术特性的相关度矩阵；$\boldsymbol{M}_{2,\,I-TA}$ 为可选服务模块实例与服务技术特性的相关度矩阵，分别表示如下：

$$\boldsymbol{M}_{1,\,I-TA} = \begin{bmatrix} y_{1111} & y_{1112} & \cdots & y_{111p} \\ \vdots & \vdots & & \vdots \\ y_{11C_{11}1} & y_{11C_{11}2} & \cdots & y_{11C_{11}p} \\ \vdots & \vdots & & \vdots \\ y_{1jC_{1j}l} & y_{1jC_{1j}2} & \cdots & y_{1jC_{1j}p} \\ \vdots & \vdots & & \vdots \\ y_{1M_1 C_{1M_1}1} & y_{1M_1 C_{1M_1}2} & \cdots & y_{1M_1 C_{1M_1}p} \end{bmatrix}_{(\sum\limits_{j=1}^{M_1} C_{1j}) \times p} \qquad (6-3)$$

$$
M_{2,\,I-TA} = \begin{bmatrix}
y_{2111} & y_{2112} & \cdots & y_{211p} \\
\vdots & \vdots & & \vdots \\
y_{21C_{21}1} & y_{21C_{21}2} & \cdots & y_{21C_{21}p} \\
\vdots & \vdots & & \vdots \\
y_{2jC_{2j}l} & y_{2jC_{2j}2} & \cdots & y_{2jC_{2j}p} \\
\vdots & \vdots & & \vdots \\
y_{2M_2C_{2M_2}1} & y_{2M_2C_{2M_2}2} & \cdots & y_{2M_2C_{2M_2}p}
\end{bmatrix}_{(\sum_{j=1}^{M_2}C_{2j})\times p}
\tag{6-4}
$$

其中，$y_{1jC_{1j}l}$ 表示必选服务模块中第 j 个服务模块的第 C_{1j} 个模块实例与第 l 项服务技术特性的相关度，是由设计专家根据自身经验、知识判断所得。同理，$y_{2jC_{2j}l}$ 表示可选服务模块中第 j 个服务模块的第 C_{2j} 个模块实例与第 l 项服务技术特性的相关度，是由设计专家根据自身经验、知识判断所得。

考虑到各服务技术特性的权重，进一步地，服务模块实例与服务技术特性的综合相关度可以表示为：

$$
\begin{aligned}
D &= M_{I-TA} \times W_{TA} \\
&= \Big(\sum_{l=1}^{p}(y_{111l}W_{TA_1}),\ \sum_{l=1}^{p}(y_{112l}W_{TA_1}),\ \cdots,\ \sum_{l=1}^{p}(y_{11kl}W_{TA_1}),\ \cdots, \\
&\quad \sum_{l=1}^{p}(y_{2M_2C_{2M_2}l}W_{TA_l}) \Big)
\end{aligned}
\tag{6-5}
$$

其中，$\sum_{l=1}^{p}(y_{ijkl}W_{TA_1})$ 表示服务模块实例 M_{ijk} 与服务技术特性矢量 TA 的综合相关度，它表示服务模块实例所能提供的满足服务技术特性要求的能力；W_{TA} 是服务技术特性所对应的权重向量。

之后，利用二元决策变量 ε_{ijk} 来刻画产品服务模块实例在服务方案配置时的存在性：当 $\varepsilon_{ijk}=1$ 时，表示第 i 种服务模块（必选或可选）中第 j 个模块的第 k 个实例被选择；反之，当 $\varepsilon_{ijk}=0$ 时，表示其未被选择。最终配置出的产品服务方案综合服务性能的优化模型可以表示为：

$$
\max TAC = \sum_{i=1}^{2}\sum_{j=1}^{M_i}\sum_{k=1}^{C_{ij}}\Big[\varepsilon_{ijk}\sum_{l=1}^{p}y_{ijkl}\times W_{TA_l}\Big]
\tag{6-6}
$$

服务技术特性综合相关度 TAC 刻画了产品服务配置方案所展现的整体服务性能，表示产品服务模块实例组合对服务技术特性需求的满足能力。其值越高,产品服务方案的总体性能就越好。

2) 服务成本与响应时间的配置优化模型

首先,构建如下产品服务成本矩阵:

$$\boldsymbol{C} = \left[C_{111}, C_{112}, \cdots, C_{ijk}, \cdots, y_{2M_2 C_{2M_2}} \right] \tag{6-7}$$

其中: C_{ijk} 为第 i 种服务模块(必选或可选)中第 j 个模块系列的第 k 个模块实例的成本。这里的服务成本由产品服务设计师根据以往的相同或类似的服务数据得出。

由于配置服务方案的总成本 C_S 要尽可能地小,所以可以得到产品服务的成本优化目标如下:

$$\min C_S = \sum_{i=1}^{2} \sum_{j=1}^{M_i} \sum_{k=1}^{C_{ij}} (\varepsilon_{ijk} \times C_{ijk}) \tag{6-8}$$

然后,构建服务的响应时间矩阵:

$$\boldsymbol{T} = \left[T_{111}, T_{112}, \cdots, T_{ijk}, \cdots, T_{2M_2 C_{2M_2}} \right] \tag{6-9}$$

其中, T_{ijk} 为第 i 种服务模块(必选或可选)中第 j 个模块系列的第 k 个服务模块实例的响应时间。

由于配置的服务方案的总响应时间 T_S 要尽可能地小,所以可以得到产品服务的响应时间优化目标如下:

$$\min T_S = \sum_{i=1}^{2} \sum_{j=1}^{M_i} \sum_{k=1}^{C_{ij}} (\varepsilon_{ijk} \times T_{ijk}) \tag{6-10}$$

3) 服务模块配置约束条件

服务模块配置约束需要满足如下条件:

$$\sum_{j=1}^{M_1} \varepsilon_{1jk} = M_1, \quad \sum_{k=1}^{C_{ij}} \varepsilon_{1jk} = 1 \tag{6-11}$$

$$\sum_{j=1}^{M_2} \varepsilon_{2jk} \leqslant M_2, \quad \sum_{k=1}^{C_{ij}} \varepsilon_{2jk} \leqslant 1 \tag{6-12}$$

上面的约束表达式保证了每个必选服务模块必须被选择,且每个必选服务模块中有且仅有一个模块实例被选择;而可选服务模块则不一定被全部选择,且每个可选服务模块中最多有一个模块实例被选择。

服务技术特性的权重约束条件可以表示如下,即所有的服务技术特性权重之和为 1，且每项权重取值要大于 0。

$$\sum_{l=1}^{p}\omega_{TA_l}=1,\ \omega_{TA_l}>0 \qquad (6-13)$$

配置的产品服务方案的总成本需要小于客户所能承受的最高价格，这样客户才有可能产生购买的意愿，所以有：

$$C_S(1+\alpha)\leqslant C_m \qquad (6-14)$$

其中，C_S 是所配置服务的成本；α 是服务提供商预先设置的期望利润率；C_m 是客户所能承受的最高的产品服务报价。

所配置的产品服务的总响应时间要小于客户所能承受的最大响应时间，则服务响应时间优化模型为：

$$T_S\leqslant T_m \qquad (6-15)$$

其中，T_S 是配置服务所需的响应时间；T_m 是客户所能够承受的最大服务响应时间。

此外，服务模块配置时，不同模块的组合并不都是合理的，可能存在不匹配的情况。因此，产品服务模块的组合也应该满足一定的约束规则，主要有以下两条。

（1）两两互斥：如果所配置的产品服务方案中，服务模块实例 M_{ijk} 与另一服务模块实例 $M_{i'j'k'}$ 之间属于两两互斥的关系，那么该情形下，选择 M_{ijk}，就不能选择 $M_{i'j'k'}$，反之亦然。

（2）两两相容：如果所配置的产品服务方案中，模块实例 M_{ijk} 与模块实例 $M_{i'j'k'}$ 间两两相容，那么没有选配 M_{ijk}，则 $M_{i'j'k'}$ 也不能选配，反之亦然。

配置约束主要用于在配置求解过程中检查配置方案的可行性。因此，引入变量 $Q_{ijk-i'j'k'}$ 来表示模块 M_{ijk} 与模块 $M_{i'j'k'}$ 之间的相容程度，又因为配置求解的结果必须是可行的，所以服务模块实例的约束关系可以表示为：

$$Q_{ijk-i'j'k'}\begin{cases}1, & M_{ijk}\text{ 与 }M_{i'j'k'}\text{ 相容}\\0, & M_{ijk}\text{ 与 }M_{i'j'k'}\text{ 相斥}\end{cases} \qquad (6-16)$$

4）服务方案配置优化通用模型

通过对产品服务配置优化问题的分析可知，服务配置优化是一个多约束条件下的多目标组合优化问题。结合相关约束条件，可将其表示为如下通用模型：

$$F(x) = (TAC(X),\ C_S(X),\ T_S(X))$$
$$\text{s. t. } g_a(X) \geqslant 0,\ a=1,2,\cdots,u;$$
$$h_b(X)=0,\ b=1,2,\cdots,v;$$
$$X=(\varepsilon_{111},\ \varepsilon_{112},\ \cdots,\ \varepsilon_{ijk}) \tag{6-17}$$

式中，$TAC(X)$ 为效益型目标函数，其取值越大越好；$C_S(X)$ 和 $T_S(X)$ 为成本型目标函数，其值越小越好；$g_a(X)$、u 分别为多目标服务配置优化问题的不等式约束及其个数；$h_b(X)$、v 分别为等式约束及其个数；ε_{ijk} 表示服务模块实例是否被选中的 0～1 变量。

根据上述描述，本章所提出的产品服务方案配置优化数学模型表示如下：

$$F(x)=\begin{cases} \max\sum_{i=1}^{2}\sum_{j=1}^{M_i}\sum_{k=1}^{C_{ij}}\left[\varepsilon_{ijk}\sum_{l=1}^{p}(y_{ijkl}\times W_{TA_l})\right] \\[2ex] \min\sum_{i=1}^{2}\sum_{j=1}^{M_i}\sum_{k=1}^{C_{ij}}(\varepsilon_{ijk}\times C_{ijk}) \\[2ex] \min\sum_{i=1}^{2}\sum_{j=1}^{M_i}\sum_{k=1}^{C_{ij}}(\varepsilon_{ijk}\times T_{ijk}) \end{cases} \tag{6-18}$$

$$\text{s. t. } C_S(1+\alpha)\leqslant C_m,\ T_S\leqslant T_m;$$
$$\sum_{j=1}^{M_1}\varepsilon_{1jk}=M_1,\ \sum_{k=1}^{C_{ij}}\varepsilon_{1jk}=1;$$
$$\sum_{j=1}^{M_2}\varepsilon_{2jk}\leqslant M_2,\ \sum_{k=1}^{C_{ij}}\varepsilon_{2jk}\leqslant 1;$$
$$\sum_{l=1}^{p}w_{TA_l}=1,\ w_{TA_l}>0;$$
$$Q_{ijk\text{-}i'j'k'}=\begin{cases}1, & M_{ijk}\ \text{与}\ M_{i'j'k'}\ \text{相容} \\ 0, & M_{ijk}\ \text{与}\ M_{i'j'k'}\ \text{相斥}\end{cases}$$

6.3.2　产品服务配置优化模型求解算法与流程

针对多目标多约束的配置优化问题求解，以往为了方便计算，常会采用两种方法对问题进行简化：根据各目标函数相对于决策者的重要程度进行加权，将多目标组合优化问题变成单目标优化问题；将其中某些目标函数转化为约束条件，将原来的多目标组合优化问题变成单目标优化求解问题。但是，这些方法存在权重不易确定、主观性强等不足之处,会影响到最终的配置结果。因此,我们提出一种改进的非支配排序遗传算法,直接对多目标多约束的服务配置优化模型进行求解。

1) 改进的非支配排序遗传算法(NSGA-Ⅱ)

在单目标问题上,遗传算法展示出了优越性。但对于多目标优化问题,首先碰到的最大问题就是如何去衡量每个个体的适应度好坏。针对此,多目标遗传算法(multi objective genetic algorithm)是当前应用较广、效果较好的一种计算方法。在一个进化代中,它主要通过对种群进行一定的运算操作,获得多个帕累托最优解。

非支配排序遗传算法(non-dominated sorting in genetic algorithms,NSGA)作为多目标遗传算法中的一种,其在优化过程中利用了"非支配排序"的原理,将各个目标函数转化为虚拟适应度的计算。但是传统的 NSGA 求解算法的计算复杂度比较高,缺乏相应的精英保存策略,并且共享半径也需要特别指定,影响算法的收敛性,算法稳定性也不太好。

考虑到传统的 NSGA 求解多目标优化问题时存在的缺点,NSGA-Ⅱ则是在传统 NSGA 基础上的进一步优化与改进,它利用快速非支配排序过程、拥挤距离和精英保留策略,对多目标多约束问题进行求解,最终得到帕累托解集。其中,拥挤距离(即两个解所对应的点之间的距离)用来评价个体周围的群体拥挤程度(密度),这样做可以保证最终获得分布比较均匀的帕累托前沿,避免使用外部设定的小生境参数,增强算法鲁棒性。通过拥挤距离和各个体的非劣等级的计算,获得非支配排序。

实施 NSGA-Ⅱ首先需要实施种群的初始化,一旦完成初始化,在每一个前沿里面对种群进行非支配排序。在当前的种群里面,第一前沿是完全非支配个体的集合,第二前沿仅受第一前沿里面的个体支配,后面类似。各个前沿里面的个体都被分配一个等级(适应度)值或者根据它们所在的前沿赋等级值。第一前沿里面个体的适应度赋值为 1,第二前沿里面个体的适应度赋值为 2,以此类推。除了适应度值以外,相对传统的 NSGA,NSGA-Ⅱ还引入一个新参数——拥挤距离。该参数是衡量某个个体距离它周围个体的远近。拥挤距离大表明种群有较好的多样性。通过二进制锦标赛选择机制,根据各个个体的等级和拥挤距离从种群中选出父代种群。如果某个个体的等级较其他个体的低或者其对应的拥挤距离比其他个体的大,那么就被选中。选出的种群经过交叉、变异操作,生成子代种群。父子种群合并后,再进行非支配排序。只有 N 个最好的个体才能被选择,这里的 N 为种群的大小。

总的来说,其具有运算速度快、稳健性强、解集分散、鲁棒性好等特点。快速非支配排序方法使得计算复杂度大幅度降低,同时,拥挤距离比较机制也能较好地处理传统的 NSGA 中共享参数带来的不足,保证了解的多样性。此外,NSGA-Ⅱ还使用精英策略以确保非支配解可以传递到下一代,从而防止丢失非支配解。NSGA-Ⅱ适合求解多目标组合优化问题,能得到较为理想的优化结果。因此,下面将用 NSGA-Ⅱ对式(6-18)的产品服务配置模型进行优化求解。

2) 基于 NSGA-Ⅱ 的产品服务方案配置优化求解流程与步骤

基于 NSGA-Ⅱ 的配置优化模型求解算法流程如图 6-7 所示,其主要实现步骤如下。

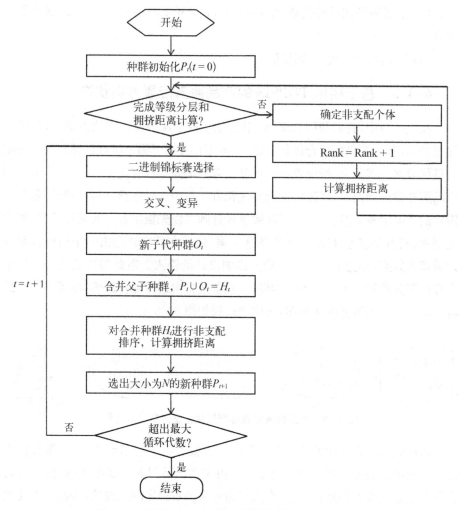

图6-7 基于 NSGA-Ⅱ 的配置优化模型求解算法流程

（1）随机初始化一个规模为 N 的父代种群 P_t；

（2）确定非支配个体，进行非支配排序，并计算各个个体的拥挤距离，完成个体等级分类和拥挤距离的确定；

（3）用二进制锦标赛进行个体选择，然后利用交叉、变异算子产生下一代子代种群 O_t；

（4）通过合并父代种群 P_t 和子代种群 O_t 产生大小为 $2N$ 的种群 H_t；

（5）对种群 H_t 进行快速非支配排序，并分层计算拥挤距离，选出 N 个个体，形成新的父代种群 P_{t+1}；

（6）判断是否超出最大循环代数；

（7）若没有超出循环代数，令 $t = t + 1$，重复步骤（3）到（6），直到超出循环代数；

（8）若超出循环代数，则算法结束。

6.3.3 基于粗糙 TOPSIS 的产品服务配置方案优选

在上一节中，我们利用 NSGA-II 算法生成了服务配置优化方案集，但需要注意的是，对于多目标组合优化问题，一般不存在同时满足所有目标和约束的唯一最优方案。实际上，所配置出的产品服务方案间都各有优劣，那么对于客户和产品服务设计师而言，就需要从配置优化方案集中进行选择，得到最能满足客户需求的产品服务方案。由此，产品服务设计师可以先根据客户的偏好信息（如性能要求、成本要求等）挑出若干项备选方案，然后在其中评选出一个最能满足客户需求的方案，作为下一步产品服务详细设计的输入。因此需要建立一个科学合理的服务配置方案评价的数学模型，对备选方案进行综合评价，得到整体上最符合客户期望的服务配置方案，该优选过程如图 6-8 所示。

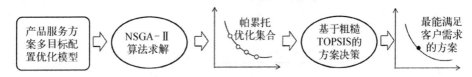

图 6-8　产品服务多目标配置优化及方案优选过程

考虑到传统方案评价技术在不确定性决策方案中的不足之处，这里我们提出一个灵活的服务配置方案评价架构。由于在产品服务方案的评选过程中，通常都会包含决策者的知识经验、个人期望等多种不确定的主观偏好因素，因此我们采用基于粗糙集理论的 TOPSIS 方法对产品服务方案进行优选排序，以提高方案决策选择的科学性。粗糙集理论主要用来处理评价过程中的主观和不确定因素,而 TOPSIS 主要用来提供一个灵活的评价结构。基于粗糙 TOPSIS 的产品服务配置方案优选框架如图 6-9 所示。

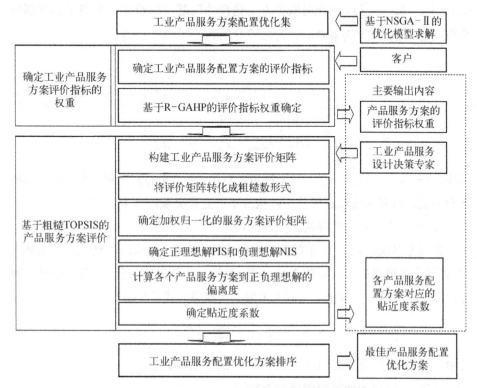

图 6-9　基于粗糙 TOPSIS 的产品服务配置方案优选框架

该框架主要包括两个阶段。首先,需要确定服务方案的评价准则及其权重。之后,利用粗糙 TOPSIS 算法获取各个服务方案所对应的贴近度系数,再根据贴近度系数对各个产品服务配置方案进行排序,从而得到最合乎客户要求的方案。

考虑到产品服务方案的配置是面向客户需求的,所以这里选取的方案评价指标是客户的需求项。也就是通过衡量所配置的服务方案满足客户需求的程度,来对这些方案进行排序。关于客户需求指标权重的获取方法,在第 3 章已做了详细描述,此处就不再赘述。下面给出粗糙 TOPSIS 算法的具体计算步骤。

1) 服务方案评价矩阵的确定

假设共有 m 个产品服务配置方案 $A_i(i=1, 2, \cdots, m)$,每个方案对应 n 个需求评价指标 $C_j(j=1, 2, \cdots, n)$,让客户使用传统的确定值赋值法(1 分、

3分、5分、7分和9分)对每个方案相对于各个指标的满足程度进行打分,其中1分、3分、5分、7分和9分别代表"非常不满意""不满意""一般""满意"和"非常满意"。假设参与选择的客户决策团队共有 l 个专家,则可获得 l 个评分矩阵 $\boldsymbol{D}_k(k=1, 2, \cdots, l)$,则此时服务方案选择的问题可以看作一个典型的多属性决策问题,则第 k 个决策者的评价矩阵 $\boldsymbol{D}_k$ 为:

$$\boldsymbol{D}_k = \begin{matrix} A_1 \\ A_2 \\ \vdots \\ A_m \end{matrix} \begin{bmatrix} x_{11}^k & x_{12}^k & \cdots & x_{1n}^k \\ x_{21}^k & x_{22}^k & \cdots & x_{2n}^k \\ \vdots & \vdots & & \vdots \\ x_{m1}^k & x_{m2}^k & \cdots & x_{mn}^k \end{bmatrix} \tag{6-19}$$

其中,$k=1, 2, \cdots, l$;x_{ij}^k 为第 k 决策者对第 i 个方案相对于第 j 个评价指标的评判分值。所有的决策者评价矩阵构成了群方案决策矩阵 $\widetilde{\boldsymbol{D}}$。

2) 服务方案的粗糙群决策矩阵的确定

将群方案决策矩阵 $\widetilde{\boldsymbol{D}}$ 中的确定值形式的方案评价分值 x_{ij}^k 转化成粗糙数形式,以便获得粗糙群决策矩阵 $\boldsymbol{R}$。接着,参照 3.3 节提出的公式,将每个确定值形式的方案评分 x_{ij}^k 转化为具有上下限的粗糙数形式 $RN(x_{ij}^k)$:

$$RN(x_{ij}^k) = [x_{ij}^{kL}, x_{ij}^{kU}] \tag{6-20}$$

其中,x_{ij}^{kL} 和 x_{ij}^{kU} 分别是粗糙数 $RN(x_{ij}^k)$ 的下限和上限。

从而,可以得到如下粗糙序列 $RN(x_{ij})$:

$$RN(x_{ij}) = \{[x_{ij}^{1L}, x_{ij}^{1U}], [x_{ij}^{2L}, x_{ij}^{2U}], \cdots, [x_{ij}^{lL}, x_{ij}^{lU}]\} \tag{6-21}$$

评价粗糙区间 $\overline{RN(x_{ij})}$ 可以按照如下公式计算得到:

$$\overline{RN(x_{ij})} = [x_{ij}^L, x_{ij}^U] \tag{6-22}$$

$$x_{ij}^L = \left(\prod_{k=1}^l x_{ij}^{kL}\right)^{1/l} \tag{6-23}$$

$$x_{ij}^U = \left(\prod_{k=1}^l x_{ij}^{kU}\right)^{1/l} \tag{6-24}$$

其中,x_{ij}^L 和 x_{ij}^U 分别是粗糙数 $[x_{ij}^L, x_{ij}^U]$ 的下限和上限,l 是决策者的数量。

由此,得到如下所示服务方案的粗糙群评判矩阵 $\boldsymbol{R}$:

$$\boldsymbol{R} = \begin{bmatrix} [1,1] & [x_{12}^L, x_{12}^U] & \cdots & [x_{1n}^L, x_{1n}^U] \\ [x_{21}^L, x_{21}^U] & [1,1] & \cdots & [x_{2n}^L, x_{2n}^U] \\ \vdots & \vdots & & \vdots \\ [x_{m1}^L, x_{m1}^U] & [x_{m2}^L, x_{m2}^U] & \cdots & [1,1] \end{bmatrix} \quad (6-25)$$

3) 粗糙决策矩阵的加权归一化

为了将不同指标对应的评价指标纳入一个可比的范围,需要对其进行归一化处理,将其范围映射到[0,1]区间内。$[x_{ij}^{'L}, x_{ij}^{'U}]$ 表示区间数 $[x_{ij}^L, x_{ij}^U]$ 的归一化形式,具体计算为:

$$x_{ij}^{'L} = \frac{x_{ij}^L}{\max_{i=1}^m \{\max[x_{ij}^L, x_{ij}^U]\} x_{21}^U} \quad (6-26)$$

$$x_{ij}^{'U} = \frac{x_{ij}^U}{\max_{i=1}^m \{\max[x_{ij}^L, x_{ij}^U]\} x_{21}^U} \quad (6-27)$$

然后,利用如下公式进一步计算加权后的归一化粗糙矩阵:

$$v_{ij}^L = \omega_j^L \times x_{ij}^{'L}, \ i=1,2,\cdots,m; \ j=1,2,\cdots,n \quad (6-28)$$

$$v_{ij}^U = \omega_j^U \times x_{ij}^{'U}, \ i=1,2,\cdots,m; \ j=1,2,\cdots,n \quad (6-29)$$

其中,ω_j^L 和 ω_j^U 分别表示评价指标粗糙权重的下限和上限。

接着,便可确定服务方案的正理想解(PIS)和负理想解(NIS):

$$v^+(j) = \{\max_{i=1}^m(v_{ij}^U), 如果 j \in B; \min_{i=1}^m(v_{ij}^L), 如果 j \in C\}$$
$$(6-30)$$

$$v^-(j) = \{\min_{i=1}^m(v_{ij}^L), 如果 j \in B; \max_{i=1}^m(v_{ij}^U), 如果 j \in C\}$$
$$(6-31)$$

其中,$v^+(j)$ 和 $v^-(j)$ 分别表示相对于评价指标 j 的正理想解(PIS)和负理想解(NIS);B 和 C 分别表示效益型评价指标和成本型评价指标。

4) 基于贴近度系数的服务方案优劣排序

这里,利用 n 维欧氏距离(Euclidean distance)来分别计算每个产品服务方案相对于正理想解的偏离距离 d_i^+ 和相对于负理想解的偏离距离 d_i^-。

$$d_i^+ = \sqrt{\sum_{j \in B} [v_{ij}^L - v^+(j)]^2 + \sum_{j \in C} [v_{ij}^U - v^+(j)]^2},$$

$$i = 1, 2, \cdots, m; \ j = 1, 2, \cdots, n \qquad (6-32)$$

$$d_i^- = \sqrt{\sum_{j \in B} [v_{ij}^U - v^-(j)]^2 + \sum_{j \in C} [v_{ij}^L - v^-(j)]^2},$$
$$i = 1, 2, \cdots, m; \ j = 1, 2, \cdots, n \qquad (6-33)$$

一旦确定了每个服务方案所对应的 d_i^+ 和 d_i^-，就可以定义贴近度系数，以便确定所有备选方案的排序。第 i 个服务方案对应的贴近度系数 CC_i 的定义如下：

$$CC_i = \frac{d_i^-}{d_i^- + d_i^+}, \ i = 1, 2, \cdots, m \qquad (6-34)$$

可以看出，如果服务方案 A 距离正理想解越近（d_i^+ 越小），而距离负理想解越远（d_i^- 越大），那么其所对应的贴近度系数 CC_i 则越接近于 1，CC_i 越大，就说明客户对该方案越满意。那么通过比较 CC_i 的大小，就可以得到不同备选服务方案的客户满意度排序。

6.3.4　应用案例——载客电梯的产品服务方案的配置与优选

1）案例背景简介

为验证本章所提出的产品服务方案配置优选技术的有效性，下面将依然以载客电梯的产品服务为例进行应用与对比分析。

2）实际应用与结果分析

在第 5.7 节电梯服务模块构建的基础上，根据 M 公司的现有服务流程和资源，得到各个服务模块对应的模块实例，见表 6-1。

表 6-1　载客电梯服务模块与模块实例表

服务模块名称	服务模块实例	实例编码	成本/万元	响应时间/小时	模块性质
电梯服务知识支持模块	远程在线服务知识支持	M_{111}	1.25	0.3	▲
	远程电话服务知识支持	M_{112}	1.54	0.3	▲
	专人现场服务知识培训	M_{113}	2.55	1.5	▲
电梯购置咨询服务模块	人工咨询与建议	M_{121}	0.50	3.5	▲
	客户自助咨询	M_{122}	0.30	0.2	▲

（续表）

服务模块名称	服务模块实例	实例编码	成本/万元	响应时间/小时	模块性质
电梯安装调试模块	远程异地安装调试	M_{131}	1.25	8	▲
	现场安装调试指导	M_{132}	0.62	16	▲
	全权委托安装调试	M_{133}	2.50	8	▲
用户关怀模块	定期电话回访与抱怨处理	M_{141}	1.55	0.5	▲
	随机上门回访与抱怨处理	M_{142}	0.96	6.2	▲
	根据投诉情况回访	M_{143}	1.24	5.5	▲
电梯维修服务模块	带备件维修	M_{151}	1.53	3.5	▲
	不带备件维修	M_{152}	0.86	2.5	▲
急修救援服务模块	多方合作联动救援	M_{161}	0.66	0.2	▲
	服务商独立救援	M_{162}	1.50	0.3	▲
电梯备件供应服务模块	一站式备件运营服务	M_{171}	2.43	2.2	▲
	传统的备件供应服务	M_{172}	1.54	1.8	▲
电梯保养服务模块	Ⅰ级保养每半月1次	M_{181}	2.56	3	▲
	Ⅱ级保养每三月1次	M_{182}	1.88	3	▲
	Ⅲ级保养每半年1次	M_{183}	0.86	3	▲
电梯远程监视服务模块	基本状态监测与报警	M_{191}	0.78	0.2	▲
	运行监测与优化	M_{192}	1.25	0.3	▲
电梯服务规划模块	合作方服务工程师派工	M_{1101}	1.68	2.5	▲
	自有服务工程师派工	M_{1102}	1.33	3.6	▲
电梯节能服务模块（可选模块）	节能效益分享模式	M_{211}	3.58	8	△
	能源利用托管模式	M_{212}	5.16	8	△
电梯翻新改造服务模块（可选模块）	电梯装饰装修翻新	M_{221}	1.22	4	△
	老旧电梯功能改造	M_{222}	2.43	6	△
	新增电梯井道改造	M_{223}	2.66	8	△
	原有电梯井道改造	M_{224}	2.15	8	△
	电梯智能化节能改造	M_{225}	3.35	6	△

（续表）

服务模块名称	服务模块实例	实例编码	成本/万元	响应时间/小时	模块性质
生命周期数据分析服务模块(可选模块)	零部件寿命到期预警	M_{231}	0.64	0.5	△
	部件维护信息查询与报告	M_{232}	0.88	0.5	△

注：▲表示必选服务模块，△表示可选服务模块。

载客电梯服务方案配置是从给定的服务模块实例表中选配出优化的实例组合，配置出的电梯服务方案要达到整体性能、服务成本和响应时间相对最优。此外，结合 M 电梯公司和客户的要求，配置方案还要满足下面的约束条件：

（1）M 电梯公司的利润率要达到 25%；

（2）客户可接受的电梯服务(使用周期内)的最高价格为 30 万元；

（3）客户可忍受的总服务响应时间为 50 小时；

（4）相斥相容约束，即如果选择电梯维修服务模块中第 1 个实例(M_{151})，则不选电梯备件供应服务模块中第 2 个实例(M_{172})；如果选择电梯翻新改造服务模块中第 5 个实例(M_{225})，则不选电梯节能服务模块中第 1 个实例(M_{211})；如果选择急修救援服务模块中第 1 个实例(M_{161})，则电梯服务规划模块就要选第 1 个实例(M_{1101})；如果选择急修救援服务模块中第 2 个实例(M_{162})，则电梯远程监视服务模块就要选第 1 个实例(M_{191})。

载客电梯服务技术特性与各服务模块实例间的关联度矩阵如表 6-2 所示。之后，利用 MATLAB 7.10 编程对电梯服务的多目标(性能、成本和响应时间)配置优化模型进行求解。其中，NSGA-Ⅱ算法中的相关参数设置为：电梯服务配置优化方案的种群规模为 300，交叉概率为 0.9，变异概率为 0.1，进化代数为 300，其仿真结果如图 6-10 和图 6-11 所示。

从图 6-10 可以看出随着迭代次数的增加，电梯服务配置优化模型对应的解不断向最优方案接近，最终获得满足服务性能、服务成本和响应时间三个目标的电梯服务配置优化方案解集。图 6-10 中的帕累托解集分布合理，其中每一个点代表一个优化的电梯服务配置方案。电梯服务性能、服务成本和响应时间函数进化到 300 代的均值变化曲线如图 6-11 所示，可以看到，当方案对应的初始种群进化到 30 代后，每一代的服务性能、服务成本和响应时间均值趋于稳定状态，说明函数收敛性较好。

表 6 - 2　电梯服务技术特性与各服务模块实例间的关联度矩阵

服务技术特性 技术特性权重 W_{TA_i}	TA₁ 0.0815	TA₂ 0.0834	TA₃ 0.0852	TA₄ 0.0826	TA₅ 0.0867	TA₆ 0.0827	TA₇ 0.0823	TA₈ 0.0829	TA₉ 0.0826	TA₁₀ 0.0829	TA₁₁ 0.0834	TA₁₂ 0.0839	$\sum y_{iji_1} W_{TA_i}$
M₁₁₁	3	3	3	9	1	3	3	3	3	3	9	3	3.822 9
M₁₁₂	3	3	1	3	1	1	3	3	3	3	3	1	2.323 3
M₁₁₃	9	9	1	9	3	3	9	1	1	1	1	3	4.145 1
M₁₂₁	9	3	0	3	0	3	3	0	0	3	3	3	2.477 1
M₁₂₂	3	1	0	1	0	3	1	0	0	1	3	1	1.157 9
M₁₃₁	0	9	3	0	0	0	1	0	3	9	0	1	2.166 3
M₁₃₂	0	3	1	0	0	0	1	0	1	1	0	3	0.834 9
M₁₃₃	0	9	1	3	0	0	3	0	1	1	0	3	1.499 9
M₁₄₁	3	0	0	3	3	0	3	0	3	3	1	0	1.579 2
M₁₄₂	1	0	0	1	1	0	1	0	1	1	1	0	0.582
M₁₄₃	1	0	0	3	1	0	1	0	1	1	1	0	0.747 2
M₁₅₁	0	0	3	1	3	0	9	3	1	1	9	3	2.755 5
...	...	...	...	...	...	...	...	...	...	...	...	...	...
M₂₂₁	0	1	0	0	1	0	0	3	1	3	0	1	0.834
M₂₂₂	1	1	0	0	3	0	0	1	0	0	0	9	1.263
M₂₂₃	3	1	0	0	3	0	0	3	0	0	0	3	1.088 4
M₂₂₄	3	1	0	0	3	0	0	3	0	0	0	3	1.088 4
M₂₂₅	3	1	0	0	3	0	0	1	0	0	0	9	1.426
M₂₃₁	0	1	9	3	3	0	0	9	0	3	1	9	3.273 7
M₂₃₂	0	1	3	1	9	0	1	3	0	0	3	3	2.034 8

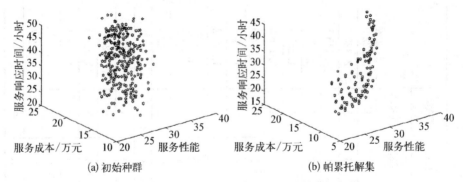

图 6-10　电梯服务方案的初始种群和帕累托解集

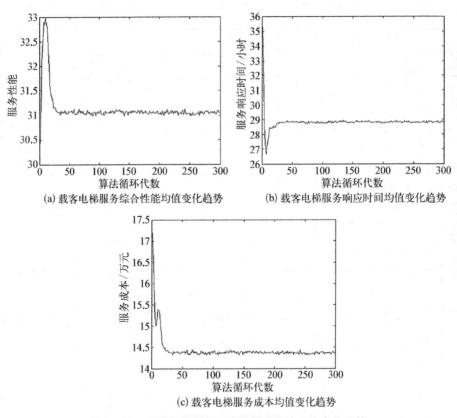

图 6-11　载客电梯服务配置优化目标的均值变化趋势

　　从电梯服务配置优化方案对应的帕累托解集里面,事先根据客户对综合服务性能、服务成本和响应时间的偏好初步选取五个备选的配置方案,如表 6-3 所示。然后,对照客户需求项,利用粗糙 TOPSIS 评价模型检验各个备选方案对客户需求的满足程度,以便选出最佳的电梯服务配置方案。

表 6 - 3　五个备选电梯服务配置方案

方案序号	服务模块实例	服务性能	服务成本/万元	响应时间/小时	模块数量
A_1	M_{113}，M_{121}，M_{131}，M_{141}，M_{152}，M_{161}，M_{171}，M_{181}，M_{192}，M_{1101}，M_{211}，M_{224}，M_{231}	38.80	21.66	40.7	13
A_2	M_{111}，M_{121}，M_{131}，M_{143}，M_{152}，M_{161}，M_{171}，M_{181}，M_{192}，M_{1101}，M_{211}，M_{221}，M_{231}	37.39	19.12	40.5	13
A_3	M_{111}，M_{121}，M_{131}，M_{141}，M_{152}，M_{161}，M_{171}，M_{181}，M_{192}，M_{1101}，M_{211}，M_{231}	35.39	17.32	31.1	12
A_4	M_{113}，M_{121}，M_{131}，M_{141}，M_{152}，M_{161}，M_{171}，M_{181}，M_{192}，M_{1101}，M_{211}，M_{222}，M_{231}	38.97	21.94	38.7	13
A_5	M_{111}，M_{122}，M_{131}，M_{141}，M_{152}，M_{161}，M_{171}，M_{181}，M_{192}，M_{1101}，M_{212}，M_{231}	36.56	19.59	28.2	12

　　根据上面得到的载客电梯服务配置优化方案集,从中选出最能满足客户需求的服务方案。以客户需求项为评价准则,利用粗糙 TOPSIS 评价模型对备选电梯服务方案进行评选。四位方案决策专家分别对这五个备选方案进行评价。表 6 - 4 展示了各个专家对电梯服务方案 A_1 满足客户需求情况的评判结果。限于篇幅,这里没有列出对其他方案的评判值。将电梯服务方案评价值转化成粗糙数形式,从而形成如表 6 - 5 所示的粗糙评价矩阵。

表 6 - 4　各个决策者对电梯服务方案 A_1 的评价值

专家	R_{11}	R_{12}	R_{21}	R_{22}	R_{23}	R_{31}	R_{41}	R_{42}	R_{51}
1	5	3	7	3	5	3	9	5	7
2	7	5	5	5	5	5	7	5	7
3	7	5	5	3	7	5	7	5	9
4	5	5	5	5	5	5	7	3	7

表 6 - 5　电梯服务配置方案的粗糙形式的评价矩阵

方案	R_{11}	R_{12}	R_{21}	…	R_{42}	R_{51}
A_1	[5.439, 6.435]	[3.999, 4.843]	[5.439, 7.000]	…	[3.999, 4.843]	[7.111, 7.814]
A_2	[1.855, 2.801]	[5.106, 5.793]	[5.439, 6.435]	…	[3.409, 4.401]	[3.097, 3.751]

（续表）

方案	R$_{11}$	R$_{12}$	R$_{21}$	...	R$_{42}$	R$_{51}$
A$_3$	[3.097, 3.751]	[6.042, 6.854]	[7.111, 7.814]	...	[3.097, 3.751]	[7.454, 8.452]
A$_4$	[3.999, 4.843]	[5.106, 5.793]	[7.454, 8.452]	...	[1.855, 2.801]	[6.042, 6.854]
A$_5$	[3.097, 3.751]	[5.000, 5.000]	[7.111, 7.814]	...	[3.409, 4.401]	[7.454, 8.452]

　　根据式(6-26)和式(6-27)，将表6-5中的粗糙评价矩阵归一化后，结合方案评价指标的权重，根据式(6-28)和式(6-29)确定加权归一化的电梯服务方案的粗糙群评价矩阵，如表6-6所示。根据式(6-30)和式(6-31)，识别各个电梯服务方案在各项评价指标下的正理想解 PIS 和负理想解 NIS，结果如表6-7所示。根据式(6-32)和式(6-33)，计算得到各个电梯服务方案到其正、负理想解的偏移距离，结果如表6-8所示。从表6-8中可以看出，服务方案 A$_4$ 对应的贴近度系数 CC_i 最大，为 0.512。因此可以判断，电梯服务配置方案 A$_4$ 是最能满足客户需求的方案。

表6-6　电梯服务方案的粗糙加权归一化评价矩阵

方案	R$_{11}$	R$_{12}$	R$_{21}$	...	R$_{42}$	R$_{51}$
A$_1$	[0.012, 0.022]	[0.023, 0.045]	[0.382, 0.828]	...	[0.055, 0.129]	[0.062, 0.114]
A$_2$	[0.004, 0.010]	[0.030, 0.054]	[0.382, 0.761]	...	[0.047, 0.117]	[0.027, 0.055]
A$_3$	[0.007, 0.013]	[0.035, 0.064]	[0.499, 0.924]	...	[0.043, 0.100]	[0.065, 0.123]
A$_4$	[0.009, 0.017]	[0.030, 0.054]	[0.523, 1.000]	...	[0.026, 0.075]	[0.053, 0.100]
A$_5$	[0.007, 0.013]	[0.029, 0.047]	[0.499, 0.924]	...	[0.047, 0.117]	[0.065, 0.123]

表6-7　电梯服务方案评价矩阵的正理想解和负理想解

理想解	R$_{11}$	R$_{12}$	R$_{21}$	R$_{22}$	R$_{23}$	R$_{31}$	R$_{41}$	R$_{42}$	R$_{51}$
PIS	0.022	0.064	1.000	0.278	0.169	0.194	0.475	0.129	0.123
NIS	0.004	0.023	0.382	0.076	0.022	0.042	0.126	0.026	0.027

表6-8　电梯服务方案的排序

方案	d_i^+	d_i^-	CC_i	排序
A$_1$	0.721	0.615	0.461	4
A$_2$	0.740	0.526	0.416	5

(续表)

方　案	d_i^+	d_i^-	CC_i	排　序
A_3	0.631	0.657	0.510	2
A_4	0.648	0.680	0.512	1
A_5	0.658	0.636	0.492	3

6.4　本 章 小 结

　　本章围绕产品服务方案的配置与优选，提出了一种系统化的计算方法。以服务模块实例和服务技术特性之间的综合相关度最大、服务成本最低和服务响应时间最短为目标，构建了产品服务多目标配置优化模型。在相关配置约束条件下，提出利用改进的非支配排序遗传算法（NSGA‑Ⅱ）对模型进行求解，获得基于服务模块实例组合的服务方案配置优化集。并以客户需求项作为评价指标，建立了基于粗糙逼近理想解法的方案决策方法，对服务方案配置优化集进行评选，最终得到最能满足客户需求的服务配置设计方案。从实际效益来看，该产品服务方案配置优化模型和方案评选决策方法能有效提高产品服务提供商的客户需求响应能力，方便企业在短时间内，针对客户的个性化需求，以较低的成本快速配置出客户满意的服务方案，提升客户体验价值。

第 7 章
产品服务方案的智能化推荐

7.1 引　言

　　产品服务方案的推荐是指根据客户的个性化需求,主动推送满足客户需求的产品服务方案。智能配置是产品服务方案推荐的基础,产品服务方案推荐的难点在于准确识别顾客的个性化需求。因此,能否在尽可能短的时间内,准确地识别客户需求,推荐满足客户需求的最佳产品服务方案,是决定交易成功与否的关键要素。

　　为满足不同客户的多样化、个性化的需求,企业大多会提供多种产品服务方案供客户选择,这些产品服务方案作为企业的资源池供客户备选。但随着产品服务方案资源池容量的增加,也在一定程度上阻碍了客户快速有效地发现最适合自身的产品服务方案。因此,如何以较低的搜索成本,准确快速地为客户推荐满足其实际需要的、更有效的产品服务方案是非常值得研究的。然而,在获取客户偏好的过程中会存在很多主观和不精确的信息,例如客户对产品服务的不同体验、客户自身的知识储备水平等。此外,现有的推荐方法往往忽略了客户偏好范围内的交互,导致推荐结果不准确。因此,为解决上述问题,我们提出了一种个性化产品服务方案智能化推荐方法。为了实现产品服务方案精准智能化推荐,本章介绍的推荐方法首先通过用户浏览、收藏等行为数据刻画个人的用户画像,使用用户画像来预测用户的购买偏好;然后基于用户评分,使用协同过滤方法来寻找目标用户的相似用户,通过相似用户的评分来预测目标用户的评分;最后将预测出的用户购买偏好和评分进行加和计算得到用户对产品服务方案的预测得分,进而根据得分给出产品服务方案的推荐列表。该方法主要分为三步:第一步,使用用户的浏览、收藏、购买等行为数据构建用户画像、训练神经网络,然后基于用户画像神经网络预测用户的购买偏好;第二步,采用基于用户的协同过滤推荐方法预测用户评分;第三步,对预测的用户购买偏好和评分进行求和计算,得到产品服务方案的最终推荐评分。智能化推荐方法的计算流程如图7-1所示。

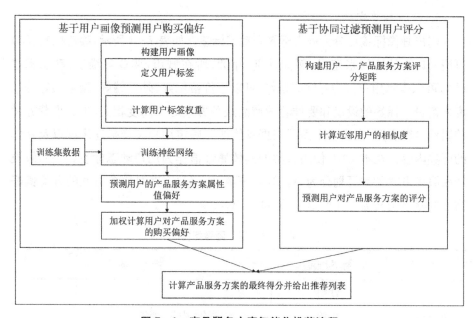

图7-1 产品服务方案智能化推荐流程

7.2 基于用户画像的用户产品
服务购买偏好预测

“用户画像”是一种抽象表示用户特征的方法和工具,但是不同领域的用户画像概念略有差别。产品设计领域的用户画像(user persona)往往是对某一类目标用户群体的典型特征的抽象描述,例如“大学生、女性、未婚、月消费3 000元”这一群体的用户画像,画像标签一般使用用户基本属性、静态标签来定义。而推荐研究领域的用户画像(user profile)是分析用户的真实行为数据、对用户的个人特征进行抽象描述,因此在研究这类用户画像时,除了明确用户身上的标签外,往往还需要计算标签权重来进一步明确用户的个人特征,这也是本章所采用的用户画像概念。这种用户画像的刻画程度更细腻、更具时效性,可以更好地理解用户在特定情况下的个性特征,因此被广泛应用于个性化、智能化推荐领域的研究中。

7.2.1 基于浏览和收藏数据的用户画像构建

1) 用户标签定义

用户画像标签可分为静态标签和动态标签。如表 7-1 所示,静态标签(L^s)可用人口统计特征来定义,例如性别、年龄、所在城市、职业等维度;动态标签(L^d)可以表示用户行为习惯或偏好,可以用价格偏好、外观偏好、型号偏好等维度来衡量。标签的设定和要推荐的产品服务方案对象高度相关,也和推荐方案的属性内容有关,在实验中需要根据具体情况确定用户画像描述维度以及具体的标签内容。在本章中,使用方案的具体属性值作为用户动态标签。例如假设产品服务方案种类可划分为 A, B, C 三类,则用户在产品服务方案的种类偏好维度的标签定义为 $C_1(A)$、$C_2(B)$和 $C_3(C)$。

表 7-1 用户画像标签

标签类型	标签维度	标 签
静态标签	性别	男、女
	年龄	少年、青年、中年、老年
	……	……
动态标签	方案种类偏好	$C_1(A),C_2(B),C_3(C)\cdots$
	方案地域偏好	$G_1(海淀区),G_2(朝阳区),G_3(东城区)\cdots$
	……	……

2) 用户标签权重计算

用户标签权重可以表示各个标签在某个具体用户身上体现出的重要程度,即用户对某标签的偏好程度。下面提出的标签权重计算方法主要针对用户动态标签,因为在同一维度下,同一时间用户在不同的动态标签上可能具有不同程度的偏好,但是在静态标签上一般只占有一个标签。例如用户当前年龄是 24 岁,就不存在占有其他年龄标签的可能性,即用户在"24 岁"的年龄标签上偏好是 1,对其他年龄标签的偏好是 0。而在产品服务方案的种类偏好上,用户现阶段可能对产品服务方案种类 A 的标签偏好是 70％,对种类 B 的标签偏好是 30％。动态标签的偏好是不固定的,会在环境的影响下发生变动,因此要准确刻画用户画像,就需要计算时常变动的用户动态标签权重。需要说明的是,在本节的后续内容中如果未做特殊说明,出现的"标签"皆指"动态标签"。

在本章中,静态标签权重可以通过用户个人资料来直接获取,例如根据用户注册时填写的性别确定性别标签,根据用户填写的出生日期计算用户当前年龄,以及根据收货地址或者手机定位获取用户所在城市的信息。对于动态标签,则通过浏览、收藏和购买数据来计算其权重。因为在各类产品服务贸易平台上,浏览、收藏和购买是平台设置的基础功能,也是平台用户会产生的基础行为。

（1）偏好衰减系数。

在日常贸易行为中,用户的最新产品服务浏览、收藏记录往往可以比较准确地反映用户最新的产品服务方案偏好,而过去的甚至很早以前的记录则不太能准确描述用户的偏好,或者说对用户偏好的描述程度较弱,因此假设用户的偏好是随着时间而衰减的。设用户 U 最近的方案浏览(收藏)时刻为 t_1,则最新的动态标签的浏览(收藏)时刻也为 t_l。若用户在历史的 t_f 时刻对某标签 L_{ij}^d 产生了浏览(收藏)行为,则画像建模时标签 L_{ij}^d 基于浏览(收藏)时间的偏好衰减系数 $p_{decay}(L_{ij}^d, t_f)$ 按照式(7-1)定义:

$$p_{decay}(L_{ij}^d, t_f) = 2^{-\lambda(t_1-t_f)} \tag{7-1}$$

其中,$\lambda > 0$,λ 越大,表示历史数据所能体现的偏好程度随时间下降得越快;时间 t 的单位为天;L_{ij}^d 表示动态标签的第 i 个偏好维度下的第 j 个标签,例如在表 7-1 中,L_{12}^d 表示方案种类偏好维度下的 C_2 标签。

（2）标签权重计算公式。

本章采用词频-逆文本频率指数(term frequency-inverse document frequency, TF-IDF)方法的原理计算标签权重。TF-IDF 是一种用于信息检索与数据挖掘的常用加权技术。作为一种统计方法,TF-IDF 用以评估一个字词对于一个文件集或一个语料库中的一份文件的重要程度。字词的重要性随着它在文件中出现的次数成正比增加,但同时会随着它在语料库中出现的频率成反比下降。其计算核心是:首先用"$\dfrac{某单词在文档中出现的次数}{文档中的总单词数}$"计算出 TF 值,再用"$\lg \dfrac{词库中文档总数}{包含该词的文档数+1}$"计算出 IDF 值,最后用"$TF \times IDF$"计算出标签权重。由于本推荐方法中使用的数据也是用户对各标签的浏览、收藏次数，受到启发，决定使用 TF‐IDF 方法计算标签权重。在计算过程中，用户标签相当于单词，用户相当于文档，全部标签则构成词库。

在进行权重计算之前，作为计算基础，首先需要得到各标签在用户身上出现的次数，计算方式如式(7‐2)所示，该公式在计算标签出现在用户身上的总次数时，考虑了历史行为随时间产生的偏好衰减效应。

$$N_{L_{ij}^d, U_x} = \omega_{浏览} \times \sum_{t_{f浏览} \in T_{浏览}} n_{L_{ij}^d, U_x}^{t_{f浏览}} \times p_{decay浏览}(L_{ij}^d, t_f) +$$

$$\omega_{收藏} \times \sum_{t_{f收藏} \in T_{收藏}} n_{L_{ij}^d, U_x}^{t_{f收藏}} \times p_{decay收藏}(L_{ij}^d, t_f) \qquad (7-2)$$

其中，$N_{L_{ij}^d, U_x}$ 表示标签 L_{ij}^d 在用户 U_x 身上出现的总次数；权重 $\omega_{浏览}$ 和 $\omega_{收藏}$ 分别表示浏览行为和收藏行为对标签次数出现的影响程度；集合 $T_{浏览}$ 和 $T_{收藏}$ 中分别包括用户 U_x 对标签 L_{ij}^d 在历史记录中产生浏览行为和收藏行为的所有时刻；$n_{L_{ij}^d, U_x}^{t_{f浏览}}$ 和 $n_{L_{ij}^d, U_x}^{t_{f收藏}}$ 分别表示在历史时刻 t_f 下发生的浏览行为和收藏行为中，不考虑偏好随时间变化，单纯按照出现次数统计出的标签 L_{ij}^d 在用户 U_x 身上出现的次数。例如，任意时刻，用户浏览了一次产品服务方案 K，方案 K 在"方案种类"和"地域"上的取值分别是"A"和"海淀区"，则方案 K 的属性所对应的标签，即方案种类偏好的 C_1 标签和地域偏好的 G_1 标签的次数都加一。收藏行为导致标签出现次数变化的统计方法同理。偏好衰减系数 $p_{decay浏览}(L_{ij}^d, t_f)$ 和 $p_{decay收藏}(L_{ij}^d, t_f)$ 的加入，按照时间变化调节了标签 L_{ij}^d 在用户 U_x 身上出现的次数，合理地刻画了用户偏好随时间变化的特点。

通过式(7‐2)，计算得到了在用户画像建模时，标签在用户身上出现的次数。接下来可以使用 TF‐IDF 方法计算用户标签权重，具体计算过程如下。

首先，计算用户标签的 TF 值，即某标签对某用户的重要程度。用"某标签在某用户身上出现的次数"除以"在该用户身上所有标签出现的总次数"，计算公式为：

$$TF(L_{ij}^d, U_x) = \frac{n_{L_{ij}^d, U_x}}{\sum_{i,j} n_{L_{ij}^d, U_x}} \qquad (7-3)$$

其中，$\sum_{i,j} n_{L_{ij}^d, U_x}$ 表示用户 U_x 身上所有标签出现的总次数。

然后，计算用户标签的 IDF 值，即某标签在用户之间的区分能力。用"总用

户数"除以"包含某标签的用户数＋1",其结果再取对数,计算公式为:

$$IDF(L_{ij}^{d}, U_{x}) = \lg \frac{用户总数}{包含标签 L_{ij}^{d} 的用户数 + 1} \tag{7-4}$$

最后,将 TF 与 IDF 相乘得到某标签在该用户身上的权重,计算公式为:

$$\omega(L_{ij}^{d}, U_{x}) = TF(L_{ij}^{d}, U_{x}) \times IDF(L_{ij}^{d}, U_{x}) \tag{7-5}$$

其中, $\omega(L_{ij}^{d}, U_{x})$ 表示标签 L_{ij}^{d} 在用户 U_{x} 身上体现出的重要程度,即用户标签权重。至此,标签权重计算完成,基于产品服务方案的浏览和收藏数据的用户画像构建完成。

7.2.2　基于用户画像预测属性值购买偏好的神经网络训练

1) 训练集数据预处理

本方法使用神经网络的目的是利用用户的产品服务方案的浏览或者收藏记录,来预测用户的购买行为。在使用训练集数据训练神经网络时,采用的是产生过浏览或收藏记录,以及购买记录的用户数据。用户不必三项数据都具备,但至少需要具备两项数据,其中是否购买产品服务方案的数据必须包含在内。利用用户注册信息可以确定用户画像的静态标签,利用浏览或收藏数据可以计算出用户画像的动态标签的权重,利用购买记录可以得到用户对产品服务方案的属性值的购买偏好。每位用户的静态标签、动态标签、购买偏好三类信息构成神经网络的训练集,训练集数据的记录形式如表 7-2 所示。

表 7-2　训练集数据记录形式

用户 ID	用户画像					购买偏好		
	静态标签 1	静态标签 2	……	动态标签 1	动态标签 2	……	方案属性值 a_{11}	……	方案属性值 a_{mn}

表 7-2 中用户画像的构建过程已经在第 7.2.1 节中进行了阐述,现在需要明确的是购买偏好的数据是如何产生的。用户的购买偏好实际上是指用户通过购买行为在产品服务方案的各个属性值上产生的偏好信息。例如某用户购买了5 次产品服务,其中 3 次服务的购买及服务所在地都在海淀区,另外两次服务的购买及服务所在地在朝阳区,那么用户对"海淀区"这一属性值的购买偏好被认为是 0.6,对"朝阳区"这一属性值的购买偏好被认为是 0.4。接下来用式(7-6)

说明产品服务方案属性值购买偏好的计算方法。

$$\omega(a_{ij}, U_x) = \frac{n_{a_{ij}, U_x}}{n_{a_{i_*}, U_x}} \tag{7-6}$$

其中，$\omega(a_{ij}, U_x)$ 表示在用户 U_x 的购买记录中，方案属性值 a_{ij} 所占的购买偏好权重；n_{a_{ij}, U_x} 表示在用户 U_x 的购买记录中，属性值 a_{ij} 出现的次数；$n_{a_{i_*}, U_x}$ 表示在用户 U_x 的购买记录中，属性 a_i 下所有属性值出现的总次数。

2）神经网络设计

（1）输入层与输出层。

用于预测各属性值购买偏好 $p_{U, a_{ij}}$ 的神经网络示意图如图 7-2 所示，这是最常用的 BP（back propagation）神经网络。每一个神经网络用于预测一个属性维度下的属性值购买偏好，如果需要预测多个维度的属性值的购买偏好，需要训练多个神经网络。因此，一个神经网络的输出层节点由产品服务方案的某一个属性维度下的所有取值定义；相应地，网络的输入层节点由用户画像中的静态标签和需要预测的属性值对应的动态标签定义。例如在预测用户对方案种类的偏好的神经网络中，输出层节点是各个价格，输入层节点的动态标签就是种类偏好

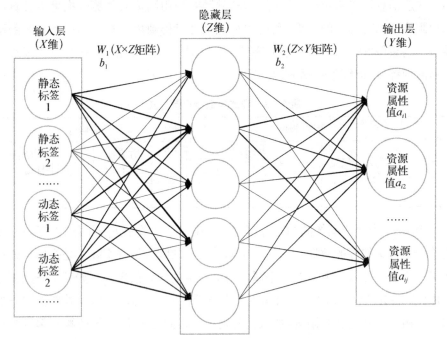

图 7-2 用户的产品服务属性值购买偏好预测的神经网络示意图

的动态标签,即 C_1、C_2、C_3 等;在预测用户产品服务方案购买和服务所在地域的神经网络中,输出层节点是各个地域取值,输入层节点的动态标签就只包含地域偏好的动态标签,即 G_1、G_2、G_3 等。输入层和输出层的训练数据分别是每位用户的标签权重向量和产品服务方案属性值购买偏好权重向量,两项数据的获取方法分别在第 7.2.1 节和第 7.2.2 节的数据预处理部分进行了介绍。

(2) 激活函数。

神经网络的激活函数采用 ReLU 函数,函数解析式为:

$$ReLU(x) = \max(0, x) \tag{7-7}$$

隐藏层 l 的输出可以用下式表示:

$$h_l = ReLU(\boldsymbol{W}_l h_{l-1} + \boldsymbol{b}_l) \tag{7-8}$$

其中,$\boldsymbol{W}_l$ 和 $\boldsymbol{b}_l$ 分别表示隐藏层 l 的权重矩阵和置偏向量。如果 $l=1$,则 h_l 表示输入层。

同理,预测输出层的用户 U 的属性值偏好可使用下式:

$$\boldsymbol{y}_U = ReLU(\boldsymbol{W}_L h_{L-1} + \boldsymbol{b}_L) \tag{7-9}$$

$$\boldsymbol{y}_U = [p_{U, a_{i1}}, p_{U, a_{i2}}, \cdots, p_{U, a_{ij}}]^{\mathrm{T}} \tag{7-10}$$

其中,L 表示隐藏层的数量,$p_{U, a_{ij}}$ 表示通过神经网络预测出的用户 U 对属性值 a_{ij} 的偏好。

3) 训练与测试

在神经网络的训练过程中,可以使用 MAE 等常用的损失函数和 Adam、SGD 等常用的优化器来优化网络参数,在应用场景中根据数据情况再具体选择。

7.2.3　基于用户画像的方案整体购买偏好预测

在第 7.2.2 节中,通过训练集得到了多个预测用户对产品服务方案各个属性值的购买偏好的神经网络,在每个网络中输入用户画像的标签权重即可预测用户对各属性值的偏好。通过加权计算,可以得到用户对产品服务方案个体的整体购买偏好:

$$P_{U, I} = \sum_i \left(\omega_{a_i} \times \sum_{a_{ij} \in I} p_{U, a_{ij}} \right) \tag{7-11}$$

其中,$P_{U, I}$ 表示用户 U 对产品服务方案 I 的购买偏好;ω_{a_i} 表示属性维度 a_i 的权重;$a_{ij} \in I$ 表示产品服务方案 I 具有的属性值。

7.3 基于协同过滤的用户评分预测

协同过滤推荐是个性化推荐领域的一类经典方法。简单来说,协同过滤是利用某兴趣相投、拥有共同经验的群体的喜好来推荐用户感兴趣的信息,个人通过合作的机制给予信息相当程度的回应(如评分)并记录下来以达到过滤的目的,进而帮助别人筛选信息,回应不一定局限于特别感兴趣的,特别不感兴趣的信息的记录也相当重要。更细致地,协同过滤推荐可以分为两类:一类是基于用户的协同过滤推荐,该方法根据不同用户对项目的偏好来衡量用户的相似性,然后把相似用户偏爱的项目推荐给目标用户;另一类是基于项目的协同过滤推荐,该方法根据用户对不同项目的偏好来衡量项目的相似性,然后把相似项目推荐给目标用户。在计算时,通常采用用户对项目的评分来直接表示偏好。本章采用了基于用户的协同过滤推荐方法预测用户对产品服务方案的评分。

7.3.1 用户–产品服务方案评分矩阵构建

用户–产品服务方案评分矩阵如表 7-3 所示,r_{ij} 表示用户 U_i 对产品服务方案 I_j 的评分,其中,$i=1, 2, \cdots, m$;$j=1, 2, \cdots, n$。评分 r_{ij} 取 1 到 5 的整数值。

表 7-3　用户–产品服务方案评分矩阵

用　户	产品服务方案				
	I_1	I_2	I_3	...	I_n
U_1	4	2	1		1
U_2	2	3	5		1
U_3	5	2	3		2
U_4	3	2	1		4
...					

7.3.2 近邻用户搜索

在近邻用户的选择上,根据下式计算用户相似度:

$$u_{\text{sim}}(U, U') = \frac{\sum\limits_{I \in S_{U, U'}} r_{U, I} \times r_{U', I}}{\sqrt{\sum\limits_{I \in E_I} r_{U, I}^2} \sqrt{\sum\limits_{I \in E_I} r_{U', I}^2}} \qquad (7-12)$$

其中，$u_{\text{sim}}(U, U')$ 表示用户 U 和 U' 关于产品服务方案评分的相似度，$S_{U, U'}$ 表示两位用户的共同评分产品服务方案集合，$r_{U, I}$ 和 $r_{U', I}$ 分别表示用户 U 和 U' 对产品服务方案 I 的评分。把用户相似度按照降序排序，选取前 K 个相似度高的用户作为近邻用户。

7.3.3　用户评分预测

采用基于用户的协同过滤推荐，如式（7-13）所示。

$$r_{U, I'} = \frac{\sum\limits_{U' \in N_U} u_{\text{sim}}(U, U') \times r_{U', I'}}{\sum\limits_{U' \in N_U} u_{\text{sim}}(U, U')} \qquad (7-13)$$

其中，$r_{U, I'}$ 表示目标用户 U 对产品服务方案 I' 的综合评分，N_U 表示近邻用户集合，$r_{U', I'}$ 表示近邻用户 U' 对方案 I' 的评分。

7.4　基于用户的产品服务方案购买偏好和预测评分的推荐列表生成

先基于用户画像预测出用户对产品服务方案的购买偏好，再基于产品服务方案的评分预测出用户对产品服务的评分，通过式（7-14）可以得到预测的产品服务方案的最终得分，然后根据得分高低选取前 K 项产品服务方案给出推荐列表。$P_{U, I'}$ 表示用户对产品服务的购买偏好，$r_{U, I'}$ 表示用户对产品服务的预测评分，用户对某产品服务的购买偏好越强烈且预测评分越高，就越应该推荐给用户。

$$R_{U, I'} = P_{U, I'} + r_{U, I'} \qquad (7-14)$$

其中，$R_{U, I'}$ 表示推荐池中产品服务的综合得分，$P_{U, I'}$ 和 $r_{U, I'}$ 可以分别根据式（7-11）和式（7-13）计算得到。根据 $R_{U, I'}$ 的大小排序，取前 K 项产品服务方案推荐给目标用户。

7.5 应用案例——某电商服务平台用户智能化推荐

我们从公开数据集中选取了一个包含用户属性的数据集和一个包含用户操作行为的数据集,将两个公开数据集拼接成了一个符合输入要求的实验数据集。两个数据集均使用匿名化技术,经过严格的数据清洗,使得记录无法重定向到个人。对于用户年龄等信息,采用数据重排方法将精确数据转化为区间数据,既保证了用户隐私的安全性,也保证了数据的统计学特征。本节用获取的用户操作行为数据集来模拟产品服务方案智能化推荐的数据,而数据中的商品在实际场景中应为产品服务方案。用户属性数据集用于构建用户画像的静态标签,数据内容包括用户性别、年龄、职业、学历、居住国家或地区等多项个人信息,我们仅保留了用户的年龄、性别、学历三项个人信息,如表7-4所示。用户操作行为数据集用于构建用户画像的动态标签、购买行为预测神经网络和评分预测模型,数据集中包含两个内容,第一部分是用户在商品全集上的移动端行为数据,包括用户ID、商品ID、用户操作行为类型、用户位置的空间标识、商品分类标识以及行为时间,如表7-5所示;第二部分是商品子集,包括商品ID、商品位置的空间标识和商品分类标识,如表7-6所示。

表7-4 用户个人信息

用户 ID	年 龄	性 别	学 历
1	45~49	女	博士学位
2	30~34	男	学士学位
3	30~34	女	硕士学位
…	…	…	…

表7-5 用户的移动端行为数据

用户 ID	商品 ID	用户操作行为类型	用户位置的空间标识	商品分类标识	行为时间
10001082	285259775	1	97lk14c	4076	2014 - 12 - 08 18
10001082	53616768	4		9762	2014 - 12 - 02 15

（续表）

用户 ID	商品 ID	用户操作行为类型	用户位置的空间标识	商品分类标识	行为时间
...	...	...		...	...
100029775	216552638	1		4953	2014 - 12 - 07 00
100029775	247380548	2	9t4qc3g	10223	2014 - 12 - 18 13
...	...	...		...	...

注："用户操作行为类型"中的 1 表示浏览，2 表示收藏，3 表示加购物车，4 表示购买。

表 7 - 6　商品子集数据

商品 ID	商品位置的空间标识	商品分类标识
100337865	mtobc7a	9757
100340824	9427pwg	3487
100327108	—	12090
100334884	—	6648
...	...	...

1）数据预处理

商品子集中有 60 多万条商品数据，这些商品分别属于 1 054 个商品类别。用户的移动端行为数据集中有 100 多万条数据，是所有用户对这 60 多万件商品的操作行为汇总。在行为数据集中，我们保留了用户 ID、商品 ID、用户操作行为类型、行为时间等几项数据。在筛选数据时，首先删除了操作行为时间和用户位置为空的数据，保留具有购买行为的用户，筛选出了 4 421 位用户。为了保证神经网络的学习和预测效果，以用户的购买数据为标准，在商品分类中删除了过于稀疏的类别数据，最终保留了 94 个商品类别。

在用户属性数据集中，首先将年龄、性别、学历为空的用户删除，然后根据用户操作行为数据的筛选结果，对应选取了前 4 421 条用户个人信息。将用户操作行为数据集中的用户 ID 按照升序排列，然后将个人信息数据表与排序后的用户操作行为数据集中的用户一一对应拼接起来，构造了有用户个人信息的操作行为数据集。将这 4 421 位用户的操作行为的数据用于神经网络的训练。

另外，因为数据中缺少用户评分数据，实验中通过对用户的四种用户操作行为进行赋值加权求和，再将所得结果映射为[0，1]区间内的数值，以此作为用户的评分数据。因为直观上来看,用户不浏览商品,说明用户对商品毫无兴趣;在浏览后不收藏、不加购物车、不购买,说明用户对商品不太满意或者兴趣不大;浏览后仅收藏了商品,说明用户对商品比较感兴趣但购买意愿不强烈;如果加入了购物车,说明用户对商品很感兴趣并且有比较强烈的购买意向;如果还有购买行为,说明用户对商品描述比较满意,预期中商品应该符合用户的需求。同样地,用户评分从低到高也在一定程度上反映了用户对商品兴趣程度或者满意程度从低到高的变化。因此,对浏览、收藏、加购物车、购买四种行为的得分都赋值为1,对四种行为的权重分别赋值 0.1、0.2、0.3、0.4,通过加权求和得到用户对某商品的操作行为得分。最后按照式(7-15)将操作行为得分映射到评分区间[0,1]:

$$r = \frac{1}{x_{\max} - x_{\min}} \times (x - x_{\min}) \qquad (7-15)$$

其中,r 表示经过映射后的某用户对某件商品的评分;x 表示某用户对某件商品的操作行为得分;$x_{\min}$ 和 $x_{\max}$ 分别表示某用户的所有操作行为得分里的最小值和最大值。对于用户没有操作过的商品,其评分为空。

经过数据预处理,得到如表 7-7 所示的用于实验计算的数据格式。每天的数据由用户 ID、用户个人信息、商品 ID、用户操作行为类型和用户评分构成。其中,用户个人信息和用户操作行为类型用于预测用户对商品的购买偏好,用户评分用于预测用户对商品的评分。

表7-7 实验数据规范格式

用户 ID	用户个人信息			商品 ID	用户操作行为	用户评分
	年龄	性别	学历			

注:"用户操作行为类型"的取值为1,2,3,4。1表示浏览,2表示收藏,3表示加购物车,4表示购买。

2) 应用示范

由于数据集中的商品属性只有"商品分类标识"这一项,因此用户的动态标签只有具体的商品类别,并且只能预测用户的商品类别购买偏好,如表 7-8 所示。

表7-8 用户购买偏好预测示例

用户 ID	用户画像				购买偏好
	性别	年龄	学历	商品类别偏好	商品类别

其中,用户画像中的性别标签包含男、女;年龄标签包含 $18\sim21, 22\sim24,$ $25\sim29, 30\sim34, 35\sim39, 40\sim44, \cdots, 60\sim69, 70\sim79, 80+$;学历标签含学士学位、硕士学位、博士学位;商品类别偏好标签包含 94 个商品类别。

因为数据集中,商品属性只有商品的类别,因此在用式(7 - 11)计算出的用户对商品的购买偏好就相当于用户对商品具体类别的偏好。这导致用户对同一类别的所有商品都有相同的购买偏好,反过来用户对商品的购买偏好也直接取决于用户对类别的偏好,这就无法达到设想中的根据商品的多个属性值来确定用户对每个商品的偏好。因此在选择用户购买偏好的商品推荐列表时,首先保留了用户最感兴趣的前 X 个商品类别,然后根据在所有用户中的总销量综合排序,选取总购买数量最多的前 Y 个商品组成购买偏好的推荐列表,最后使用式(7 - 14)计算综合预测评分,生成最终的推荐列表。

把每位用户的操作行为根据行为时间排序,将最后购买的商品作为判断方法推荐准确性的标准。在实验结果上,本章使用精确度 P 作为评估指标,计算公式为:

$$P = \frac{|\cap (PS, RS)|}{|PS|} \qquad (7-16)$$

其中,PS 为算法预测的用户购买数据集合,RS 为用户的真实购买数据集合。用推荐精确度指标作为衡量方法推荐效果的标准,我们对实验中涉及的变量或参数的取值进行了调整,来探究取值变化与推荐质量间的关系。同时本章采用了经典的基于用户的协同过滤(user - CF)推荐方法作为比较方法,来展示本章所提出的方法的有效性。

(1) 用户购买偏好预测结果中商品类别 X 和商品个数 Y 的取值变化对推荐精确度的影响。

首先对影响本章所提方法的推荐质量的因素进行分析。在实验过程中,从用户购买偏好预测结果中选取的商品类别 X 和商品个数 Y 是变化的。计算结果也表明,X 和 Y 的取值会对推荐精确度产生影响,如图 7 - 3 所示。在用户评分预测环节的近邻数量取 30,综合得分从高到低取前 150 生成推荐列表。

从图 7 - 3 中可以看出,选择用户最偏好的前两类商品,再从这两类商品中根据总购买量选择前 300 个商品作为用户偏好购买的商品与商品的预测评分相加得到全部商品的综合评分,此时的推荐精确度是最高的。

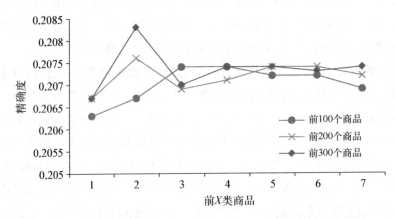

图 7 - 3　购买偏好结果中不同的 X 和 Y 取值对推荐精确度的影响

（2）不同方法的推荐精确度比较。

根据图 7 - 3 的计算结果，X 取 2、Y 取 300 时，本章方法的结果会达到一个相对最优的状态。在此基础上，将本章方法和基于用户的协同过滤（user - CF）方法进行比较。因为近邻用户数量的取值对推荐结果的精确度有较大影响，因此在方法比较中，近邻用户数量的选取以 5 为间隔，从 15 逐渐增加到 30，然后同样采用式（7 - 15）对方法的有效性进行比较，比较结果如图 7 - 4 所示。

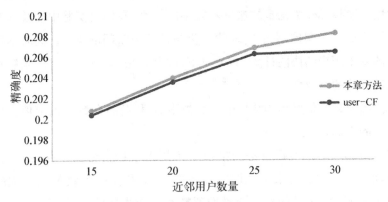

图 7 - 4　不同方法下推荐精确度的比较

从图 7 - 4 中可以看出，总体上，两个方法都随着近邻用户数量的增加而逐渐提高推荐的精确度。近邻用户数量从 15 开始，本方法的精确度高于基于用户的协同过滤方法。说明将基于用户画像预测的用户购买偏好加入用户的购买行为预测中，对推荐方法的准确预测能力起到增益作用。

7.6　本章小结

本章根据产品服务平台的数据特点,提出了利用平台上用户的操作行为(浏览、收藏、购买、评分)数据来实现基于用户行为的智能化推荐方法。该方法分为基于用户画像的用户购买偏好预测和基于协同过滤的用户评分预测两个主要阶段。

在基于用户画像预测用户购买偏好的过程中,首先利用用户个人信息构建用户画像的静态标签,利用产品服务方案属性构建动态标签,然后使用用户的浏览、收藏数据计算用户的动态标签权重。接下来使用用户的浏览、收藏、购买数据训练并测试预测用户购买偏好的神经网络,基于神经网络可以通过用户画像来预测用户对产品服务方案属性以及产品服务整体的购买偏好。在基于协同过滤的评分预测过程中,采用的是基于用户的协同过滤方法预测目标用户评分。预测到用户的购买偏好和评分后,将这两类结果相加求和就得到了基于用户行为的推荐列表。通过充分利用用户的行为信息,可以解决推荐冷启动的问题,同时达到产品服务方案智能化推荐的目的。

参 考 文 献

［1］ KOWALKOWSKI C, GEBAUER H, KAMP B, et al. Servitization and deservitization: overview, concepts, and definitions [J]. Industrial Marketing Management, 2017, 60: 4 - 10.

［2］ SONG W Y, SAKAO T. A customization-oriented framework for design of sustainable product/service system [J]. Journal of Cleaner Production, 2017, 140: 1672 - 1685.

［3］ 张富强, 江平宇, 郭威. 服务型制造学术研究与工业应用综述[J]. 中国机械工程, 2018, 29(18): 2144 - 2163.

［4］ 汪应洛, 闫开宁, 李刚. 新时代的制造企业管理变革[J]. 清华管理评论, 2019, (Z2): 7 - 9.

［5］ 江平宇, 朱琦琦. 产品服务系统及其研究进展[J]. 制造业自动化, 2008, 30(12): 10 - 17.

［6］ 顾新建, 李晓, 祁国宁, 等. 产品服务系统理论和关键技术探讨[J]. 浙江大学学报(工学版), 2009, 43(12): 2237 - 2243.

［7］ 薛跃, 许长新. 整合产品服务系统——实现循环经济的新途径[J]. 统计与决策, 2006, 6: 118 - 120.

［8］ 张为民, 虞敏, 樊留群. 复杂设备运行的协同服务支持[J]. 同济大学学报(自然科学版), 2008, 36(8): 1143 - 1147.

［9］ 朱琦琦, 江平宇, 张朋, 等. 数控加工装备的产品服务系统配置与运行体系结构研究[J]. 计算机集成制造系统, 2009, 15(6): 1140 - 1147.

［10］ 杨琴. 汽车 4S 店维修服务系统动态调度 [D]. 成都: 西南交通大

学，2011.

[11] 沈瑾. 基于本体的产品延伸服务建模与配置研究[D]. 上海：上海交通大学，2012.

[12] 杨才君，高杰，孙林岩. 产品服务系统的分类及演化——陕鼓的案例研究[J]. 中国科技论坛，2011，2：59 - 65.

[13] WHITE A L, STOUGHTON M, FENG L. Servicizing: the quiet transition to extended product responsibility [M]. Boston: Tellus Institute, 1999: 1 - 97.

[14] MARCEAU J, MARTINEZ C. Selling solutions: product-service packages as links between new and old economies [C]. The DRUID Summer Conference on "Industrial Dynamics of the New and Old Economy-who is embracing whom?", 2002, June 6 - 8.

[15] MAUSSANG N, BRISSAUD D, ZWOLINSKI P. Common representation of products and services: a Necessity for engineering designers to develop product-service systems [C]. Berlin: Springer, 2007: 463 - 471.

[16] HALME M, JASCH C, SCHARP M. Sustainable homeservices? Toward household services that enhance ecological, social and economic sustainability [J]. Ecological Economics, 2004, 51(1/2): 125 - 138.

[17] 孙林岩，李刚，江志斌，等. 21 世纪的先进制造模式——服务型制造[J]. 中国机械工程，2007，18(19)：2307 - 2312.

[18] ALONSO-RASGADO T, THOMPSON G. A rapid design process for total care product creation [J]. Journal of Engineering Design, 2006, 17(6): 509 - 531.

[19] SUNDIN E, BRAS B. Making functional sales environmentally and economically beneficial through product remanufacturing [J]. Journal of Cleaner Production, 2005, 13(9): 913 - 925.

[20] SAKAO T, SHIMOMURA Y. Service engineering: a novel engineering discipline for producers to increase value combining service and product [J]. Journal of Cleaner Production, 2007, 15(6): 590 - 604.

[21] MANZINI E, VEZZOLI C. A strategic design approach to develop

sustainable product service systems: examples taken from the 'environmentally friendly innovation' Italian prize [J]. Journal of Cleaner Production, 2003, 11(8): 851 – 857.

[22] WONG M T N. Implementation of innovative product service systems in the consumer goods industry [D]. London: University of Cambridge, 2004.

[23] TUKKER A, TISCHNER U. Product-services as a research field: past, present and future. Reflections from a decade of research [J]. Journal of Cleaner Production, 2006, 14(17): 1552 – 1556.

[24] MAUSSANG N, ZWOLINSKI P, BRISSAUD D. Product-service system design methodology: from the PSS architecture design to the products specifications [J]. Journal of Engineering Design, 2009, 20 (4): 349 – 366.

[25] AURICH J C, SCHWEITZER E, FUCHS C. Life cycle management of industrial product-service systems [C]. London: Springer, 2007: 171 – 176.

[26] MEIER H, UHLMANN E. Hybride leistungsbündel — ein neues produktverständnis [C]. Berlin: Springer, 2012: 1 – 21.

[27] 刘涛. 论数控机床设计共性需求与个性需求研究[J]. 机械设计与制造, 2016, 12: 270 – 272.

[28] SAFFRAN J R, NEWPORT E L, ASLIN R N. Word segmentation: the role of distributional cues [J]. Journal of Memory and Language, 1996, 35(4): 606 – 621.

[29] GERLACH M, SHI H, AMARAL L A N. A universal information theoretic approach to the identification of stopwords [J]. Nature Machine Intelligence, 2019, 1(12): 606 – 612.

[30] BLEI D M, NG A Y, JORDAN M I. Latent dirichlet allocation [J]. Journal of Machine Learning Research, 2003, 3: 993 – 1022.

[31] 高慧颖, 刘嘉唯, 杨淑昕. 基于改进 LDA 的在线医疗评论主题挖掘[J]. 北京理工大学学报, 2019, 39(04): 427 – 434.

[32] 唐子豪. 基于改进 LDA 的在线商城垃圾评论识别研究[D]. 西安: 西安理工大学, 2020.

[33] BLONDEL V D, GUILLAUME J L, LAMBIOTTE R, et al. Fast unfolding of communities in large networks [J]. Journal of Statistical Mechanics: Theory and Experiment, 2008, 2008(10): P10008.

[34] GRIFFITHS T L, STEYVERS M. Finding scientific topics [J]. Proceedings of the National Academy of Science of the United States of Ameria, 2004, 101(1): 5228 – 5235.

[35] TAKAI S, ISHII K. A use of subjective clustering to support affinity diagram results in customer needs analysis [J]. Concurrent Engineering, 2010, 18(2): 101 – 109.

[36] SONG W Y, CAO J T. A rough DEMATEL-based approach for evaluating interaction between requirements of product-service system [J]. Computers & Industrial Engineering, 2017, 110: 353 – 363.

[37] ZHANG Y Y, HARMAN M, LIM S L. Empirical evaluation of search based requirements interaction management [J]. Information and Software Technology, 2013, 55(1): 126 – 152.

[38] JENG J F, TZENG G H. Social influence on the use of clinical decision support systems: revisiting the unified theory of acceptance and use of technology by the fuzzy DEMATEL technique [J]. Computers & Industrial Engineering, 2012, 62(3): 819 – 828.

[39] 张琦, 刘人境, 徐青川. 基于梯形直觉模糊数的改进 DEMATEL 方法 [J]. 工业工程与管理, 2019, 24(03): 91 – 98.

[40] CHEN Z H, MING X G, ZHANG X Y, et al. A rough-fuzzy DEMATEL-ANP method for evaluating sustainable value requirement of product service system [J]. Journal of Cleaner Production, 2019, 228: 485 – 508.

[41] 何丽娜, 王国涛, 刘珏. 基于犹豫模糊 DEMATEL 与风险屋的供应链风险管理[J]. 计算机集成制造系统, 2021, 27(5): 1459 – 1468.

[42] WANG J Q, WANG P, WANG J, et al. Atanassov's interval-valued intuitionistic linguistic multicriteria group decision-making method based on the trapezium cloud model [J]. IEEE Transactions on Fuzzy Systems: A Publication of the IEEE Neural Networks Council, 2015, 23(3): 542 – 554.

[43] LI J, FANG H, SONG W Y. Sustainable supplier selection based on SSCM practices: a rough cloud TOPSIS approach [J]. Journal of Cleaner Production, 2019, 222: 606 - 621.

[44] 李德毅, 孟海军. 隶属云和隶属云发生器[J]. 计算机研究与发展, 1995, 32(6): 15 - 20.

[45] PAWLAK Z. Rough set theory and its applications to data analysis[J]. Cybernetics and Systems, 1998, 29(7): 661 - 688.

[46] BERRY L L, LAMPO S K. Teaching an old service new tricks: the promise of service redesign [J]. Journal of Service Research, 2000, 2 (3): 265 - 275.

[47] CHANG T C, LIN S J. Grey relation analysis of carbon dioxide emissions from industrial production and energy uses in Taiwan[J]. Journal of Environmental Management, 1999, 56(4): 247 - 257.

[48] XU Z. An interactive approach to multiple attribute group decision making with multigranular uncertain linguistic information[J]. Group Decision and Negotiation, 2009, 18(2): 119 - 145.

[49] WU Z, CHEN Y. The maximizing deviation method for group multiple attribute decision making under linguistic environment[J]. Fuzzy Sets and Systems, 2007, 158(14): 1608 - 1617.

[50] PARASURAMAN A, ZEITHAML V A, BERRY L L. Alternative scales for measuring service quality: a comparative assessment based on psychometric and diagnostic criteria [J]. Journal of Retailing, 1994, 70 (3): 183 - 194.

[51] TEEROOVENGADUM V, NUNKOO R, GRONROOS C, et al. Higher education service quality, student satisfaction and loyalty: vaildating the HESQVAL scale and testing an improved structureal model [J]. Quality Assurance in Education, 2019, 27(4): 427 - 445.

[52] HERNON P, CALVERT P. E-service quality in libraries: exploring its features and dimensions [J]. Library & Information Science Research, 2005, 27(3): 377 - 404.

[53] RENN M J, DONLEY E A, CORNELL E A, et al. Evanescent-wave guiding of atoms in hollow optical fibers [J]. Physical Review A, 1996,

53(2): R648 - R651.

[54] CHAI K H, ZHANG J, TAN K C. A TRIZ-based method for new service design [J]. Journal of Service Research, 2005, 8(1): 48 - 66.

[55] ZHANG X Y, MING X G, LIU Z W, et al. A reference framework and overall planning of industrial artificial intelligence (I - AI) for new application scenarios [J]. The International Journal of Advanced Manufacturing Technology, 2019, 101(9): 2367 - 2389.

索　引